21世纪高等学校计算机
应用技术系列教材

U0156671

MS Office

办公软件高级应用与案例教程
（二级考试指导） 微课视频版

◎ 杨凤霞 编著

清华大学出版社
北京

内 容 简 介

本书采用案例描述与实例操作相结合的模式,深入探讨 Office 在不同专业领域的高级应用。通过精心挑选的案例,逐步剖析复杂知识,紧密结合实际操作,提供详细的分步指导,旨在实现易教、易学、易用的目标。

本书介绍了 Word、Excel 和 PowerPoint 的高级应用知识,并配备了针对计算机二级 MS Office 高级应用考试考点的相关案例。这有助于读者巩固所学知识,并为备考计算机二级等级考试提供有力支持。

本书按照应用型人才培养的需求撰写,适用于高等院校各专业的"计算机基础"等相关课程。同时,也可作为计算机二级 MS Office 高级应用考试的学习参考书,为考生提供有价值的参考资料。

图书在版编目(CIP)数据

MS Office 办公软件高级应用与案例教程:二级考试指导:微课视频版/杨凤霞编著.—北京:清华大学出版社,2024.2
  21 世纪高等学校计算机应用技术系列教材
  ISBN 978-7-302-65649-4

Ⅰ.①M… Ⅱ.①杨… Ⅲ.①办公自动化－应用软件－高等学校－教材 Ⅳ.①TP317.1

中国国家版本馆 CIP 数据核字(2024)第 050732 号

责任编辑:郑寅堃
封面设计:刘 键
责任校对:徐俊伟
责任印制:丛怀宇

出版发行:清华大学出版社
　　　网　　　址:https://www.tup.com.cn,https://www.wqxuetang.com
　　　地　　　址:北京清华大学学研大厦 A 座　　　邮　　编:100084
　　　社 总 机:010-83470000　　　邮　　购:010-62786544
　　　投稿与读者服务:010-62776969,c-service@tup.tsinghua.edu.cn
　　　质量反馈:010-62772015,zhiliang@tup.tsinghua.edu.cn
　　　课件下载:https://www.tup.com.cn,010-83470236
印 装 者:三河市天利华印刷装订有限公司
经　　销:全国新华书店
开　　本:185mm×260mm　　印　张:10.25　　　字　　数:170 千字
版　　次:2024 年 4 月第 1 版　　　　　　　　印　　次:2024 年 4 月第 1 次印刷
印　　数:1～1500
定　　价:39.90 元

产品编号:101024-01

前　言

　　"Office办公软件高级应用"是非计算机类专业学生在学习计算机基础后,进一步提高计算机应用能力的课程。本书在内容设计上采用以案例描述为主线,以知识模块为框架,以实例操作为基础,围绕高等院校培养应用型人才的教学宗旨组织编写。

　　《中国高等院校计算机基础教育课程体系》中提出了"以应用能力培养为导向,完善复合型创新人才培养实践教学体系建设;以服务于专业教学为目标,在交叉融合中寻求更大的发展空间"的工作思路。许多高校将"Office办公软件高级应用"课程纳入计算机基础教育课程体系,作为非计算机类专业的公共基础课。本课程的教学目的是使学生掌握办公自动化的高级应用,拥有能综合运用办公自动化软件对实际问题进行分析和解决的能力,培养学生应用办公自动化软件处理办公事务和信息采集处理的实际操作能力,以便日后能更好地胜任专业工作。本书精选不同专业的Office高级应用案例,同时兼顾了等级考试的需求。全国计算机等级考试(NCRE)从2013年下半年开始,新增了二级MS Office高级应用科目,要求参试者具有计算机应用知识及MS Office办公软件的高级应用能力,能够在实际办公环境中开展具体应用,本书案例的编写也基于此要求。

　　本书编者是在教学一线从事多年计算机基础课程教学和教育研究的教师,在编写过程中将积累的教学经验和体会融入各部分知识体系中,力求知识结构合理,案例选择得当。本书突出以下特点:一是精心设计不同专业的应用案例,将需要学习的理论知识系统地融入其中,通过实例操作巩固提高;二是知识内容的深度和广度符合全国计算机等级考试大纲要求。各章都有针对二级MS Office高级应用的考点相关案例,便于读者备考计算机等级考试。

　　全书包括3章,全面介绍了Word、Excel、PowerPoint的高级应用知识。全书以案例形式,将知识点与案例实践操作相结合,所选案例源于工作和生活,操作步骤详细,能够帮助读者快速进行实践。全书对案例中每个小题涉及的知识点进行了归纳梳理，知识点的序号与案例的小题号一一对应，方便读者对照参考。本书支持扫描二维码下载题目素材、操作结果，并提供解题操作视频，辅助读者通过做题快速地掌握知识点。

　　本书由杨凤霞担任主编，为便于开展教学，编者为选用本书的教师提供各案例的素材等相关教学资料。

　　由于编写时间仓促，加之编者水平有限，书中难免存在不足和疏漏之处，恳请广大读者批评指正。

编　者

2024 年 2 月

目 录

随书资源

第 1 章

Word操作案例

1.1 案例一：邀请函的制作

Word 案例 1

1. 知识点

基础知识点：1-页面设置；2-页面背景图片设置；3-字体字号；4-文字的对齐方式；5-段落间距；6-邮件合并生成新文档。

2. 题目要求

某校商学院计划举办一场"国际商事仲裁模拟仲裁庭辩论赛"活动，拟邀请部分专家和老师担任评委。因此，校学生会需要制作一批邀请函，分别递送给相关的专家和老师。

打开"Word 素材. docx"文件，请按如下要求，完成邀请函的制作。

（1）调整文档版面，要求页面高度为"18 厘米"、宽度为"30 厘米"，上、下页边距为"2 厘米"，左、右页边距为"3 厘米"。

（2）将文件夹下的图片"背景图片. jpg"设置为邀请函背景。

（3）根据"邀请函参考样式. docx"文件，调整邀请函中内容文字的字体、字号和颜色。

（4）调整邀请函中内容文字段落的对齐方式。

（5）根据页面布局需要，调整邀请函中"国际商事仲裁模拟仲裁庭辩论赛"和"邀请函"两个段落的间距。

（6）在"尊敬的"和"（老师）"文字之间，插入拟邀请的专家和老师姓名，拟邀请的专家和老师姓名在"通讯录. xlsx"文件中。每页邀请函中只能包含1位专家或老师的姓名，所有的邀请函页面请另外保存在一个名为"邀请函.docx"文件中。

（7）邀请函文档制作完成后，请保存为"Word.docx"文件。

3. 解题步骤

🖰 第（1）小题

➤ **步骤1**：打开"Word素材.docx"文件。

➤ **步骤2**：单击"页面布局"选项卡下"页面设置"组中的"扩展"按钮，弹出"页面设置"对话框。在"页边距"选项卡中，设置上、下边距为"2厘米"，左、右边距为"3厘米"。

➤ **步骤3**：切换至"纸张"选项卡，将纸张大小宽度设置为"30厘米"，高度设置为"18厘米"，单击"确定"按钮。

🖰 第（2）小题

➤ **步骤1**：单击"页面布局"选项卡下"页面背景"组中的"页面颜色"下拉按钮，选择"填充效果"，切换至"图片"选项卡。

➤ **步骤2**：单击"选择图片"按钮，选择"背景图片.jpg"，单击"插入"按钮，再单击"确定"按钮。

🖰 第（3）小题

➤ **步骤1**：选中第一行文字，单击"开始"选项卡下"字体"组中的"字体"下拉按钮，选择"微软雅黑"；单击"字号"下拉按钮，选择"一号"；单击"字体颜色"下拉按钮，选择"标准色"下的"蓝色"。单击"段落"组中的"居中"按钮。

➤ **步骤2**：按照同样的方式，设置"邀请函"字体为"微软雅黑""一号""居中"。

➤ **步骤3**：选中第三行文字，设置字体为"微软雅黑""四号"。

➤ **步骤4**：选中剩余文字，设置字体为"微软雅黑""小四"。

🖰 第（4）小题

➤ **步骤1**：选中"您好！……祝您工作顺利！"，单击"段落"组中的"扩展"按钮,在"缩进和间距"选项卡中单击"特殊格式"下拉按钮,选择"首行缩进",单击"确定"按钮。

➢ **步骤 2**：选中最后两行文字,单击"段落"组中的"文本右对齐"按钮。

第(5)小题

➢ **步骤**：选中"国际商事仲裁模拟仲裁庭辩论赛"和"邀请函",单击"开始"选项卡下"段落"组中的"扩展"按钮,在"缩进和间距"选项卡中,设置段前间距和段后间距均为 0.5 行,单击"确定"按钮。

第(6)小题

➢ **步骤 1**：把光标定位在"尊敬的"和"(老师)"文字之间,单击"邮件"选项卡下"开始邮件合并"组中的"选择收件人"下拉按钮,选择"使用现有列表"。在弹出的"选取数据源"对话框中,定位到文件夹,选择"通讯录.xlsx",单击"打开"按钮。在"选择表格"对话框中选择"通讯录",单击"确定"按钮。

➢ **步骤 2**：单击"编辑收件人列表"按钮,单击"确定"按钮。

➢ **步骤 3**：单击"编写和插入域"组中的"插入合并域"下拉按钮,选择"姓名"。

➢ **步骤 4**：单击"完成"组中的"完成并合并"下拉按钮,选择"编辑单个文档",在弹出的"合并到新文档"对话框中选中"全部",再单击"确定"按钮。

➢ **步骤 5**：按照第(2)小题的步骤,设置邀请函背景。

第(7)小题

➢ **步骤**：单击"保存"按钮,以文件名"邀请函.docx"保存文档,将制作完成后的文件以文件名"Word.docx"保存。

1.2　案例二："微信小程序日活数"资讯排版

Word 案例 2

1. 知识点

基础知识点：1-页面背景与水印；3-字体段落设置。

中等难点：2-样式应用、修改、样式集、插入内置文本框、字体、插入文档部件域；4-文字转换为表格、插入图表设置。

2．题目要求

打开"Word素材.docx"文件，参考"参考样式.jpg"示例文件，完成下列操作并以文件名"Word.docx"保存文件。

（1）设置上、下、左、右页边距均为"2.7厘米"，装订线在左侧；设置文字水印页面背景，文字为"阿拉丁研究院中心"，水印版式为"斜式"。

（2）设置第1段落文字"2020年微信小程序日活超4亿"为标题；设置第2段落文字"人均单日使用时长超1200s"为副标题；改变段间距和行间距（间距单位为行），使用"独特"样式修饰页面；在页面顶端插入"边线型提要栏"文本框，将第3段文字"2021年伊始，阿拉丁研究院权威发布《2020年小程序互联网发展白皮书》。"移入文本框内，设置字体、字号、颜色等；在该文本的最前面插入类别为"文档信息"，名称为"新闻提要"域。

（3）设置第4～7段文字，要求首行缩进2字符。将第4～7段的段首"白皮书中提到""回顾2020年""在数字智能时代中"和"站在2020年末这个时间点"设置为"斜体""加粗""红色""双下画线"。

（4）将文档"附：2017—2021年微信小程序日活跃用户统计及预测"后面的内容转换成2列6行的表格，为表格设置样式；将表格的数据转换成簇状柱形图，插入到文档"附：2017—2021年微信小程序日活跃用户统计及预测"的前面，保存文档。

3．解题步骤

🖐 第（1）小题

➤ **步骤1**：打开"Word素材.docx"文件。

➤ **步骤2**：单击"页面布局"选项卡下"页面设置"组中的"扩展"按钮，弹出"页面设置"对话框，在"页边距"选项卡中，根据题目要求设置上、下、左、右页边距均为"2.7厘米"。单击"装订线位置"下拉按钮，选择"左"，然后单击"确定"按钮。

➤ **步骤3**：单击"页面背景"组中的"水印"下拉按钮，选择"自定义水印"，弹出"水印"对话框。选中"文字水印"按钮，在"文字"文本框中输入"阿拉丁研究院",选中"版式"中的"斜式"选项,单击"确定"按钮。

📝 第(2)小题

> **步骤1**:选中第1段文字,单击"开始"选项卡下"样式"组中的"标题"按钮。

> **步骤2**:选中第2段文字,单击"开始"选项卡下"样式"组中的"副标题"按钮。

> **步骤3**:选中前两段文字,单击"段落"组中的"扩展"按钮,在"缩进和间距"选项卡下设置段前间距和段后间距均为"0.5行",行距为"1.5倍行距",单击"确定"按钮。

> **步骤4**:选中"2021年伊始……新商业的连接机会。",单击"段落"组中的"扩展"按钮,设置段后间距为"0.5行",行距为"1.5倍行距",单击"确定"按钮。

> **步骤5**:单击"样式"组中的"更改样式"下拉按钮,在"样式集"中选择"独特"。

> **步骤6**:将光标定位在第1段文字之前,单击"插入"选项卡下"文本"组中的"文本框"下拉按钮,选择"边线型提要栏"。

> **步骤7**:将"2021年伊始……《2020年小程序互联网发展白皮书》。"(包括回车符)这段文字剪切后粘贴到文本框中,粘贴时注意右击空白处选择粘贴选项中的"只保留文本"。选中该段文字,单击"开始"选项卡下"字体"组中的"字体"下拉按钮,选择"华文楷体";单击"字号"下拉按钮,选择"小四";单击"颜色"下拉按钮,在"标准色"中选择"红色";单击"加粗"按钮。

> **步骤8**:将光标定位在该段文字开头,单击"插入"选项卡下"文本"组中的"文档部件"下拉按钮,选择"域"。在弹出的对话框中单击"类别"下拉按钮,选择"文档信息";在"新名称"文本框中输入"新闻提要",然后单击"确定"按钮。

📝 第(3)小题

> **步骤1**:选中第4~7段文字,单击"开始"选项卡下"段落"组中的"扩展"按钮,在"缩进和间距"选项卡下设置"特殊格式"为"首行缩进","磅值"

为"2字符"，单击"确定"按钮。

▷ **步骤2**：选中第4段中的"白皮书中提到"，长按Ctrl键，同时选中第5段中的"回顾2020年"、第6段中的"在数字智能时代中"和第7段中的"在2020年末这个时间节点"，单击"开始"选项卡下"字体"组中的"加粗"按钮和"倾斜"按钮；单击"下画线"下拉按钮，选择"双下画线"；单击"字体颜色"下拉按钮，选择"标准色"下的"红色"。

👉 第（4）小题

▷ **步骤1**：选中"附：统计数据"下面的6行内容，单击"插入"选项卡下"表格"组中的"表格"下拉按钮，选择"文本转换成表格"，弹出"将文字转换成表格"对话框，将列数修改为"2"，选中"空格"单选按钮，并单击"确定"按钮。

▷ **步骤2**：选中整个表格，在"表格工具"中"设计"选项卡下的"表格样式"组中选择一种样式，此处选择"浅色底纹-强调文字颜色2"。

▷ **步骤3**：选中整个表格，右击，在弹出的快捷菜单中选择"复制"选项。

▷ **步骤4**：将光标定位到第7段文字下方，单击"插入"选项卡下"插图"组中的"图表"按钮，在弹出的"插入图表"对话框中选择"簇状柱形图"，单击"确定"按钮。

▷ **步骤5**：调整Excel文件中图表数据区域的大小，选中"A1单元格"，右击，选择粘贴选项中的"保留源格式"，调整Excel文件中图表数据区域的大小区域为A1:B6，关闭Excel文件。

▷ **步骤6**：适当调整图表大小，选中整个图表，单击"开始"选项卡下"段落"组中的"居中"按钮，设置图表"居中对齐"。

▷ **步骤7**：单击Word左上角的"保存"按钮，保存文档为"Word.docx"。

Word 案例 3

1.3　案例三："养花小常识"文档设置

1. 知识点

基础知识点：1-另存为；2-页面设置、插入水印；3-添加页眉；4-字体字号；5-段落间距；6-段落缩进。

2．题目要求

（1）打开"Word 素材.docx"文件，按照要求完成下列操作并以文件名"Word.docx"保存文件。

（2）调整文档版面，上、下、左、右页边距为"3 厘米"；页面纸张大小为A4；设置文字水印页面背景，文字为"花百科"，水印版式为"斜式"。

（3）为文档添加页眉，要求页眉内容为"养花小知识"字样。

（4）适当调整文档标题格式，改变标题文字的字体、字号、加粗，并且标题文字颜色为"红色""居中对齐"。

（5）根据页面布局需要，调整标题与正文之间的段间距。

（6）设置正文"1. 土壤……按照使用说明进行防治。""2. 茉莉花喜光……影响造型和开花。"文字，要求首行缩进 2 字符。

3．解题步骤

✍ 第（1）小题

➤ **步骤**：打开"Word 素材.docx"文件，单击"文件"选项卡下的"另存为"按钮，以文件名"Word.docx"保存文档。

✍ 第（2）小题

➤ **步骤 1**：单击"页面布局"选项卡下"页面设置"组中的"扩展"按钮，在弹出的"页面设置"对话框中的"页边距"选项卡下，设置上、下、左、右页边距均为"3 厘米"。

➤ **步骤 2**：切换到"纸张"选项卡下，单击"纸张大小"下拉按钮，选择"A4"，单击"确定"按钮。

➤ **步骤 3**：单击"页面背景"组中的"水印"下拉按钮，选择"自定义水印"。在弹出的"水印"对话框中选中"文字水印"单选按钮，在"文字"右侧文本框中输入"花百科"，选中"斜式"单选按钮，单击"确定"按钮。

✍ 第（3）小题

➤ **步骤 1**：单击"插入"选项卡下"页眉和页脚"组中的"页眉"下拉按钮，选择"空白"。

➢ **步骤 2**：在页眉处输入"养花小知识"，单击"关闭页眉和页脚"按钮。

✎ 第(4)小题

➢ **步骤**：选中文档标题，单击"开始"选项卡下"字体"组中的"字体"下拉按钮，选择"华文楷体"；单击"字号"下拉按钮，选择"小二"；单击"加粗"按钮；单击"字体颜色"下拉按钮，选择标准色中的"红色"；单击"段落"组中的"居中"按钮。

✎ 第(5)小题

➢ **步骤**：选中标题文字，单击"段落"组中的"扩展"按钮，在弹出的"段落"对话框中设置段前间距和段后间距均为"0.5 行"；单击"行距"下拉按钮，选择"1.5 倍行距"，单击"确定"按钮。

✎ 第(6)小题

➢ **步骤 1**：选中正文"1. 土壤……按照使用说明进行防治。"单击"段落"组中的"扩展"按钮，在弹出的"段落"对话框中单击"特殊格式"下拉按钮，选择"首行缩进"，磅值为"2 字符"。

➢ **步骤 2**：用同样的方法设置正文"2. 茉莉花喜光……影响造型和开花。"

1.4 案例四："火车发展史"文档排版

1. 知识点

基础知识点：1-字体设置；2-段落属性设置；3-插入图片、图片格式；4-文字转换为表格、表格自动套用格式；5- SmartArt 图形。

2. 题目要求

打开"Word 素材.docx"文件，按照要求完成下列操作，并以文件名"Word.docx"保存文档。

按照示例文件"参考样式图.jpg"完成设置和制作。

（1）根据"参考样式图.jpg"示例文件，调整文档内容文字的字号、字体和颜色。

（2）根据页面布局需要，调整文档内容中各段落之间的间距、设置相关段落首行缩进 2 字符。

（3）为文档插入相对应的图片（图片在素材文件夹下），调整到适当图片的大小和位置，且不要遮挡文档中的文字内容。

（4）将正文最后的文字内容转换成 5 列 6 行的表格，参考"参考样式图.jpg"示例文件，为表格设置样式。

（5）在转换后的表格下方，利用 SmartArt，制作火车发展史（包括蒸汽机车时期、内燃机车时期、电力机车时期、高速列车时期、磁浮列车时期）。

3. 解题步骤

✎ 第（1）小题

➢ **步骤 1**：打开"Word 素材.docx"文件。

➢ **步骤 2**：选择第 1 段，单击"开始"选项卡下"字体"组中的"字体"下拉按钮，选择合适的字体；单击"字号"下拉按钮，选择合适的字号；单击"字体颜色"下拉按钮，在"标准色"中选择"蓝色"，在段落组中单击"居中"按钮。同样的方法设置其余段落字体、字号（其余段落的字体和字号以和第 1 段的不同为标准）。

✎ 第（2）小题

➢ **步骤**：选中所有段落，单击"开始"选项卡下"段落"组中的"扩展"按钮，在弹出的对话框中设置段前间距和段后间距（以 0.5 行为例）。单击"特殊格式"下拉按钮，可设置"首行缩进"为"2 字符"（此处设置首行缩进的段落可参考示例文件）。

✎ 第（3）小题

➢ **步骤 1**：将光标定位到合适的位置，单击"插入"选项卡下"插图"组中的"图片"按钮，在弹出的对话框中选择文件夹下的"蒸汽机车.jpg"，单击"插入"按钮。

➢ **步骤 2**：单击"图片工具"中"格式"选项卡下"排列"组中的"自动换行"

下拉按钮,选择"四周型环绕",适当调整图片大小,拖动图片调整位置。

> **步骤 3**:按照同样的方法插入其他图片。

第(4)小题

> **步骤 1**:选中最后 6 行文字,单击"插入"选项卡下"表格"组中的"表格"下拉按钮,选择"文字转换成表格"。在弹出的对话框中勾选"空格"复选框,将列数修改为"5",单击"确定"按钮。

> **步骤 2**:单击"表格工具"中"布局"选项卡下"对齐方式"组中的"中部两端对齐"按钮。在"设计"选项卡下"表格样式"组中选择"浅色底纹-强调文字颜色 2"。

第(5)小题

> **步骤 1**:将光标定位在表格下方,单击"插入"选项卡下"插图"组中的"SmartArt"按钮,在弹出的对话框中选择"流程"→"分段流程",单击"确定"按钮。

> **步骤 2**:选中该 SmartArt 图形中的一个矩形,单击"SmartArt 工具"中"设计"选项卡下"创建图形"组中的"添加形状"下拉按钮,选择"在后面添加形状"。单击"SmartArt 工具"中"设计"选项卡下"创建图形"组中的"文本窗格"按钮,输入相应的文字,删除多余文本。

> **步骤 3**:选中"SmartArt 图形",单击"SmartArt 样式"组中的"更改颜色"下拉按钮,选择"彩色-强调文字颜色"。适当调整 SmartArt 图形的大小和位置。

> **步骤 4**:单击"保存"按钮,保存文档为"Word.docx"。

1.5 案例五:"信息公开工作年度报告"排版

Word 案例 5

1. 知识点

基础知识点:2-页面设置;3-插入封面;5-应用样式。

中等难点:1-查找与替换文本;4-文字转换为表格、表格自动套用格式、插入图表设置;6-超链接、脚注;7-分栏;8-创建文档目录、分节;9-页眉页码、奇偶数页不同；10-保存同名的 PDF 文档。

2．题目要求

文档"2018 年北京市信息公开工作年度报告（素材）.docx"是一篇从互联网上获取的文字资料，请打开该文档并按下列要求进行排版及保存操作。

（1）将文档中的西文空格全部删除。

（2）将纸张大小设为 16 开，上边距设为"3.2 厘米"、下边距设为"3 厘米"，左、右页边距均设为"2.5 厘米"。

（3）利用素材前三行内容为文档制作一张封面页，令其独占一页（参考示例文件"封面样式.png"）。

（4）将标题"（一）主动公开情况"下用蓝色标出的段落部分转换为表格，为表格套用一种表格样式，使其更加美观。基于该表格数据，在表格下方插入一个饼图，用于反映各种咨询形式所占比例，要求在饼图中仅显示百分比。

（5）将文档中以"一、""二、"……开头的段落设为"标题 1"样式；以"（一）""（二）"……开头的段落设为"标题 2"样式；以"1.""2."……开头的段落设为"标题 3"样式。

（6）为正文第 2 段中用红色标出的文字"北京市人民政府门户网站（"首都之窗"）"添加超链接，链接地址为"http://www.beijing.gov.cn/"。同时在"北京市人民政府门户网站（"首都之窗"）"后添加脚注，内容为"http://www.beijing.gov.cn/"。

（7）将除封面页外的所有内容分为两栏显示，但是前述表格及相关图表仍需跨栏居中显示，无需分栏。

（8）在封面页与正文之间插入目录，目录要求包含标题第 1～3 级及对应页号。目录单独占用一页，且无需分栏。

（9）除封面页和目录页外，在正文页上添加页眉，内容为文档标题"信息公开工作年度报告"和页码，要求正文页码从第 1 页开始，其中，奇数页眉居右显示，页码在标题右侧，偶数页眉居左显示，页码在标题左侧。

（10）将完成排版的文档先以原 Word 格式及文件名"2018 年北京市信息公开工作年度报告.docx"进行保存，再另生成一份同名的 PDF 文档进行保存。

3. 解题步骤

第(1)小题

➢ **步骤1**：打开文件夹下的"信息公开工作年度报告（素材）. docx"。

➢ **步骤2**：单击"开始"选项卡下"编辑"组中的"替换"按钮，弹出"查找和替换"对话框，在"查找内容"文本框中输入"西文空格"（英文状态下按空格键），"替换为"文本框中不输入，单击"全部替换"按钮，再单击"确定"按钮，完成后关闭对话框。

第(2)小题

➢ **步骤1**：单击"页面布局"选项卡下"页面设置"组中的"纸张大小"下拉按钮，选择"16开"。

➢ **步骤2**：单击"页边距"下拉按钮，选择"自定义页边距"，在"页边距"选项卡下，设置上页边距为"3.2厘米"，下页边距为"3厘米"，左、右页边距均为"2.5厘米"，单击"确定"按钮。

第(3)小题

➢ **步骤1**：将光标定位在文档开头，单击"插入"选项卡下"页"组中的"封面"下拉按钮，选择"传统型"。

➢ **步骤2**：参考"封面样式. png"示例文件，选中"信息公开工作年度报告"字样，右击，在弹出的快捷菜单中选择"剪切"选项。选中封面中的"[键入文档标题]"字样，右击，在弹出的快捷菜单中选择"删除内容控件"选项，再将剪切的文字粘贴到此处，粘贴时选择"只保留文本"。以同样的方法粘贴其余内容，可适当设置字体大小。

➢ **步骤3**：将光标定位在封面开头，单击"插入"选项卡下"插图"组中的"图片"按钮，在弹出的"插入图片"对话框中选择文件夹下的"封面图片. jpg"素材文件，单击"插入"按钮。

➢ **步骤4**：选择插入的图片，单击"格式"选项卡下"排列"组中的"自动换行"下拉按钮，选择"衬于文字下方"。

➢ **步骤5**：右击图片，在弹出的快捷菜单中选择"大小和位置"选项，在弹出的"布局"对话框中取消勾选"锁定纵横比"复选框，设置"高度"的绝对值为"26厘米","宽度"的绝对值为"18.4厘米",单击"确定"按钮。拖动图片,使其正好覆盖整个页面。

👆 第(4)小题

➤ **步骤1**：选中标题"(一)主动公开情况"下用蓝色标出的段落部分,单击"插入"选项卡下"表格"组中的"表格"下拉按钮,选择"文本转换成表格",弹出"将文字转换成表格"对话框,单击"确定"按钮。

➤ **步骤2**：选中表格前6行,按Ctrl+C键进行复制。在表格下方空出一段,将光标定位在该处,单击"样式"组中的"其他"下拉按钮,选择"清除格式"。

➤ **步骤3**：单击"插入"选项卡下"插图"组中的"图表"按钮,选择"饼图",单击"确定"按钮。在Excel文件中选中"A1"单元格,右击,在"粘贴选项"中选择"保留源格式",调整数据区域为"A1:C6",关闭Excel文件。

➤ **步骤4**：选中图表,单击"图表工具"中"布局"选项卡下"标签"组中的"图表标题"下拉按钮,选择"无";单击"数据标签"下拉按钮,选择"其他数据标签选项",弹出"设置数据标签格式"对话框,在"标签选项"中取消选中"值"和"显示引导线"复选框,选中"百分比"复选框,在"数字"选项中选中"百分比"复选框,小数位数设为"2",关闭对话框,即可完成数据标签的设置。

➤ **步骤5**：选中整个表格,单击"表格工具"中"设计"选项卡下"表格样式"组中的"浅色底纹-强调文字颜色2"。

👆 第(5)小题

➤ **步骤1**：按住Ctrl键,同时选中文档中以"一、""二、"……开头的段落,单击"开始"选项卡下"样式"组中的"标题1"。

➤ **步骤2**：按住Ctrl键,同时选中以"(一)""(二)"……开头的段落,单击"开始"选项卡下"样式"组中的"标题2"。

➤ **步骤3**：按住Ctrl键,同时选中以"1.""2."……开头的段落,单击"开始"选项卡下"样式"组中的"标题3"。

👆 第(6)小题

➤ **步骤1**：选中正文第3段中用红色标出的文字"北京市人民政府门户

网站（"首都之窗"）"，单击"插入"选项卡下"链接"组中的"超链接"按钮，弹出"插入超链接"对话框，在地址栏中输入"http：//www. beijing. gov. cn/"，单击"确定"按钮。

➤ **步骤 2**：选中"北京市人民政府门户网站（"首都之窗"）"，单击"引用"选项卡下"脚注"组中的"插入脚注"按钮，在脚注处输入"http：//www. beijing. gov. cn/"。

第（7）小题

➤ **步骤 1**：选中正文中表格及图表上方所有内容，单击"页面布局"选项卡下"页面设置"组中的"分栏"下拉按钮，选择"两栏"。以同样的方法设置表格和图表下方的内容。

➤ **步骤 2**：选中表格，单击"开始"选项卡下"段落"组中的"居中"按钮，按照同样的方法对饼图进行操作，即可将表格和相关图表跨栏居中显示。

第（8）小题

➤ **步骤 1**：将光标定位在正文第 1 页的开始，单击"引用"选项卡下"目录"组中的"目录"下拉按钮，选择"自动目录 1"。

➤ **步骤 2**：单击"页面布局"选项卡下"页面设置"组中的"分隔符"下拉按钮，选择"下一页"。

➤ **步骤 3**：选中目录区域，单击"页面设置"组中的"分栏"下拉按钮，选择"一栏"。

➤ **步骤 4**：单击"引用"选项卡下"目录"组中的"更新目录"按钮，选中"更新整个目录"单选按钮，单击"确定"按钮。

第（9）小题

➤ **步骤 1**：将光标定位在正文的开始，单击"插入"选项卡下"页眉和页脚"组中的"页眉"下拉按钮，选择"编辑页眉"。

➤ **步骤 2**：在"导航"组中取消选中"链接到前一条页眉"按钮，在"选项"组中选中"奇偶页不同"复选框。

➤ **步骤 3**：将光标定位在正文第 1 页的页眉处，输入题面要求文字。单击"页码"下拉按钮，在"当前位置"中选择"普通数字"。

➤ **步骤 4**：选中插入的页码，单击"页眉和页脚工具"中"设计"选项卡下"页眉和页脚"组中的"页码"下拉按钮，选择"设置页码格式"。在弹出的"页码格式"对话框中，调整"起始页码"为"1"，单击"确定"按钮。

➤ **步骤 5**：选中正文第 1 页的整个页眉，单击"开始"选项卡下"段落"组中的"文本右对齐"按钮。

➤ **步骤 6**：将光标定位在正文第 2 页的页眉处，取消选中"链接到前一条页眉"按钮，用同样的方法，按照题目要求，设置偶数页页眉。

➤ **步骤 7**：以同样的方法，设置其余页眉。

➤ **步骤 8**：所有页眉设置完成后，单击"关闭页眉和页脚"按钮。并按照第(8)小题步骤 4 的方法更新整个目录。

✎ 第(10)小题

➤ **步骤 1**：单击"保存"按钮，保存为"信息公开工作年度报告.docx"。

➤ **步骤 2**：单击"文件"选项卡，选择"另存为"，弹出"另存为"对话框，文件名不变，设置"保存类型"为"PDF"，单击"保存"按钮。

1.6 案例六："公务员报考指南"文档排版

Word 案例 6

1. 知识点

基础知识点：1-页面设置；3/4-应用样式。

中等难点：2-复制并管理样式；5-查找与替换；6-修改样式；7-标题样式域(在页眉中自动显示相应样式的文字内容)；8-套用表格样式；9-插入图表。

2. 题目要求

某高校招生就业处为了给该校报考国家公务员考试的毕业生提供便捷指引，需要制作一篇有关公务员考试的文档，并调整文档的外观与格式。打开文件夹下的"Word.docx"文档，请按照如下需求，在"Word.docx"文档中完成制作工作。

（1）调整文档纸张大小为 A4，纸张方向为纵向；调整上、下页边距为"2.5 厘米"，左、右页边距为"3.4 厘米"。

（2）打开文件夹下的"Word_样式标准.docx"文件，将其文档样式库中的"标题1,标题样式一"和"标题2,标题样式二"复制到"Word.docx"文档样式库中。

（3）将"Word.docx"文档中的所有红颜色文字段落应用为"标题1,标题样式一"段落样式。

（4）将"Word.docx"文档中的所有绿颜色文字段落应用为"标题2,标题样式二"段落样式。

（5）将文档中出现的全部"软回车"符号（手动换行符）更改为"硬回车"符号（段落标记）。

（6）修改文档样式库中的"正文"样式，使文档中所有正文段落首行缩进2字符。

（7）为文档添加页眉，并将当前页中样式为"标题1,标题样式一"的文字自动显示在页眉区域中。

（8）为文档中"近五年国家公务员考试招录情况表"套用一种表格样式，其更加美观，并将该表格及表格标题居中显示。

（9）根据文档中"近五年的国家公务员考试报考参考情况表"内容生成一张如"示例图.png"所示的柱形图图表，插入到表格后的空行中，并居中显示。要求图表的标题、纵坐标轴和折线图的格式和位置与示例图相同。

3. 解题步骤

第（1）小题

➤ **步骤1**：打开文件夹下的"Word.docx"文件。

➤ **步骤2**：单击"页面布局"选项卡下"页面设置"组中的"扩展"按钮，设置上、下边距均为"2.5厘米"，左、右边距均为"3.2厘米"。

➤ **步骤3**：设置纸张方向为"纵向"。

➤ **步骤4**：切换至"纸张"选项卡，单击"纸张大小"下拉按钮，选择"A4"，单击"确定"按钮。

第（2）小题

➤ **步骤1**：打开文件夹下的"Word_样式标准.docx"文件。

➤ **步骤2**：单击"开始"选项卡下"样式"组中的"扩展"按钮，单击"管理样式"按钮,在弹出的对话框中单击"导入/导出"按钮。

➤ **步骤3**：在"管理器"对话框中单击右侧的"关闭文件"按钮,再单击"打开文件"按钮。

➤ **步骤4**：在"打开"对话框中,定位到文件夹,在"文件类型"下拉列表中选择"所有文件"选项,然后选择"Word.docx"文件,单击"打开"按钮。

➤ **步骤5**：在"管理器"对话框中选择"标题1,标题样式一",单击"复制"按钮；再选择"标题2,标题样式二",单击"复制"按钮。完成后关闭对话框,并关闭"Word_样式标准.docx"文件。

第(3)小题

➤ **步骤**：在文件"Word.docx"中,选中红色文字,单击"开始"选项卡下"编辑"组中的"选择"下拉按钮,选择"选择格式相似的文本",单击"开始"选项卡下"样式"组中的"标题1,标题样式一"按钮。

第(4)小题

➤ **步骤**：选中绿色文字,单击"开始"选项卡中的"编辑"按钮,在弹出的列表框中单击"选择",选择"选择格式相似的文本",单击"开始"选项卡下"样式"组中的"标题2,标题样式二"按钮。

第(5)小题

➤ **步骤1**：单击"开始"选项卡下"编辑"组中的"替换"按钮,弹出"查找与替换"对话框。

➤ **步骤2**：在"查找与替换"对话框中,在"替换"选项卡下单击"更多"按钮。

➤ **步骤3**：将光标定位在"查找内容"下拉列表框中,单击"特殊格式"下拉按钮,选择"手动换行符"；将光标定位在"替换为"下拉列表框中,选择"特殊格式"中的"段落标记",单击"全部替换"按钮。替换完成后,关闭"查找与替换"对话框。

第(6)小题

➤ **步骤1**：将光标定位在正文处,在"样式"组中右击"正文"样式,在弹出的快捷菜单中选择"修改"选项。

➢ **步骤2**：在"修改样式"对话框中单击"格式"下拉按钮，选择"段落"。

➢ **步骤3**：在"段落"对话框中单击"特殊格式"下拉按钮，选择"首行缩进"，磅值为"2字符"。设置完成后，单击"确定"按钮。

第(7)小题

➢ **步骤1**：单击"插入"选项卡下"页眉和页脚"组中的"页眉"下拉按钮，选择"编辑页眉"。

➢ **步骤2**：单击"插入"选项卡下"文本"组中的"文档部件"下拉按钮，选择"域"。

➢ **步骤3**：在"类别"中选择"链接和引用"，在"域名中"选择"StyleRef"，在"样式名"中选择"标题1，标题样式一"，取消选中"更新时保留原格式"复选框，单击"确定"按钮。

➢ **步骤4**：单击"设计"选项卡中的"关闭页眉和页脚"按钮。

第(8)小题

➢ **步骤**：选中"近五年的国家公务员考试招录情况表"整个表格，单击"表格工具"中"设计"选项卡下"表格样式"组中的"浅色底纹-强调文字颜色6"。单击"开始"选项卡下"段落"组中的"居中"按钮，设置该表格及表格标题居中。

第(9)小题

➢ **步骤1**：选中"近五年国家公务员考试报考参考情况表"，复制表格内容。将光标定位到表格后的空行中，单击"插入"选项卡下"插图"组中的"图表"按钮，在弹出的对话框中选择"簇状柱形图"，单击"确定"按钮。

➢ **步骤2**：在打开的 Excel 文件中把表格内容粘贴进去，并调整图表数据区域的大小。此时单击 Word 文档中"数据"组中的"切换行/列"按钮，关闭 Excel 文件，并设置图表"居中"。

➢ **步骤3**：按照示例图，设置图表格式。右击"弃考率"条形图（由于此时纵坐标太大，所以该条形图无限贴近横坐标轴），在弹出的快捷菜单中选择"设置数据系列格式"选项。在弹出的对话框中选中"系列选项"中的"次坐标轴"单选按钮,关闭对话框。

➤ **步骤4**：右击"弃考率"条形图,在弹出的快捷菜单中选择"更改系列图表类型"选项,在弹出的对话框中选择"折线图",单击"确定"按钮。

➤ **步骤5**：右击折线图,在弹出的快捷菜单中选择"设置数据系列格式"选项。在弹出的对话框中选择"数据标记选项",选中"内置"单选按钮,单击"类型"下拉按钮,选择和示例图.png相符的数据标记,并适当调整大小。单击"数据标记填充"选择"纯色填充",单击"颜色"下拉按钮,选择标准色中的红色。选择"线条颜色"选项卡,选中"实线"单选按钮,单击"颜色"下拉按钮,选择标准色中的红色。选择"标记线样式"选项卡,调整标记线宽度,关闭对话框。

➤ **步骤6**：选中图表,单击"布局"选项卡中的"图表标题"下拉按钮,选择"图表上方",并输入标题名称为"近五年国家公务员考试报考参考情况表"。选中标题文字,在"开始"选项卡下的"字体"组中设置其字号大小,并拖动到与示例图相同的位置。单击"图例"下拉按钮,选择"在顶部显示图例"。

➤ **步骤7**：右击图表右侧纵坐标轴,在弹出的快捷菜单中选择"设置坐标轴格式"选项。在对话框的"坐标轴选项"中,选中最小值的"固定"单选按钮,在文本框中输入"0";选中最大值的"固定"单选按钮,在文本框中输入"0.4";选中主要刻度单位的"固定"单选按钮,在文本框中输入"0.05"。在"线条颜色"选项中选择"无线条",单击"关闭"按钮。

➤ **步骤8**：右击左侧纵坐标轴,在弹出的快捷菜单中选择"设置坐标轴格式"选项。在对话框的"坐标轴选项"中,选中最小值的"固定"单选按钮,在文本框中输入"0";选中最大值的"固定"单选按钮,在文本框中输入"180";选中主要刻度单位的"固定"单选按钮,在文本框中输入"20"。在"线条颜色"选项中选择"无线条",单击"关闭"按钮。

➤ **步骤9**：右击水平(类别)轴,在弹出的快捷菜单中选择"设置坐标轴格式"选项。在对话框的"坐标轴选项"中,单击"主要刻度线类型"下拉按钮,选择"无",单击"关闭"按钮。

➤ **步骤10**：右击"审核通过"条形图,在弹出的快捷菜单中选择"设置数据系列格式"选项。在弹出对话框的"系列"选项卡下,调整"系列重叠"数值,参照示例图,使"审核通过"条形图与"参考人数"条形图适当分离。单击

"填充"选项卡下"纯色填充"组中的"颜色"下拉按钮，按照示例图，选择相应的蓝色。以同样的方式设置"参考人数"条形图的颜色。

➤ **步骤 11**：删除柱形图表上方的多余的"近五年国家公务员考试报考参考情况表"及该表标题。

➤ **步骤 12**：单击"保存"按钮，保存文档。

Word 案例 7

1.7　案例七："高峰论坛秩序手册"的制作

1．知识点

基础知识点：1-另存为操作；2-页面设置；4-封面；6-字体段落；9-目录。

中等难点：3-分页与页码；5-样式应用与修改；7/8-表格设置。

2．题目要求

上海市动漫行业协会等单位拟在上海市虹口区远洋宾馆联合主办 2024 年长三角动漫产业高峰论坛，为使参会人员对会议流程和内容有一个清晰的了解，需要会议会务组提前制作一份有关高峰论坛的秩序手册。请根据文件夹下的文档"高峰论坛.docx"和相关素材完成编排任务，具体要求如下。

（1）将素材文件"高峰论坛.docx"另存为"高峰论坛秩序册.docx"，并保存于文件夹下，以下的操作均基于"高峰论坛秩序册.docx"文档进行。

（2）设置页面的纸张大小为"16 开"，上、下页边距为"2.8 厘米"、左、右页边距为"3 厘米"，并指定文档每页为"36 行"。

（3）高峰论坛秩序册由封面、目录、正文 3 部分内容组成。其中，正文又分为 4 个部分，每部分的标题均已经以中文大写数字一、二、三、四进行编排。要求将封面、目录以及正文中包含的 4 个部分分别独立设置为 Word 文档的一节。页码编排要求为：封面无页码；目录采用罗马数字编排；正文从第 1 部分内容开始连续编码，起始页码为 1（如采用格式-1-），页码设置在页脚右侧位置。

（4）按照素材中"封面.jpg"所示的样例，将封面上的文字"2024 年长三角动漫产业高峰论坛——后疫情时代的动漫产业生存之道"设置为"二号""华文中宋";将文字"会议秩序册"放置在一个文本框中,设置为"竖排文字""华文中宋""小一";将其余文字设置为"四号""仿宋",并调整到页面合适的位置。

(5) 将正文中的标题"一、会议报到"设置为一级标题,单倍行距、悬挂缩进 2 字符、段前段后为自动,并以自动编号格式"一、二……"替代原来的手动编号。其他 3 个标题"二、会议须知""三、活动安排""四、三大主题演讲嘉宾介绍"格式,均参照第 1 个标题设置。

(6) 将第 1 部分("一、会议报到")和第 2 部分("二、会议须知")中的正文内容设置为宋体五号字,行距为固定值、16 磅,左、右各缩进 2 字符,首行缩进 2 字符,对齐方式设置为左对齐。

(7) 参照素材图片"表 1.jpg"中的样例完成活动安排表的制作,并插入到第 3 部分相应位置中,格式要求:合并单元格、序号自动排序并居中、表格标题行采用黑体。表格中的内容可从素材文档"秩序册文本素材.docx"中获取。

(8) 参照素材图片"表 2.jpg"中的样例完成"三大主题演讲嘉宾介绍"的制作,并插入到第 4 部分相应位置中。格式要求:合并单元格、适当调整行高(其中样例中彩色填充的行要求大于 1 厘米)、为单元格填充颜色。表格中除标题行外全部中部两端对齐;标题行内容水平居中、采用黑体。表格中的内容可从素材文档"秩序册文本素材.docx"中获取。

(9) 根据素材中的要求自动生成文档的目录,插入到目录页中的相应位置,并将目录内容设置为四号字。

3. 解题步骤

📋 第(1)小题

➤ **步骤 1**:打开文件夹下的"高峰论坛.docx"文件。

➤ **步骤 2**:单击"文件"选项卡中的"另存为"按钮,弹出"另存为"对话框,在该对话框中将"文件名"设置为"高峰论坛秩序册.docx",将其保存于文件夹下。

📋 第(2)小题

➤ **步骤 1**:单击"页面布局"选项卡下"页面设置"组中的"扩展"按钮,弹出"页面设置"对话框，在"页边距"选项卡下，将上、下页边距均设为"2.8厘米"，左、右页边距均设为"3厘米"。

> **步骤2**：切换至"纸张"选项卡，在"纸张大小"下拉列表中选择"16开"。

> **步骤3**：切换至"文档网格"选项卡，单击"网格"选项组中的"只指定行网格"单选按钮，将"行数"选项组下的"每页"设置为"36行"，单击"确定"按钮。

第（3）小题

> **步骤1**：将光标置于"目录"的左侧，单击"页面布局"选项卡下"页面设置"组中的"分隔符"下拉按钮，选择"分节符"中的"下一页"。

> **步骤2**：按照同样的方法，将正文的4个部分进行分节。

> **步骤3**：光标定位到第1页，单击"插入"选项卡下"页眉和页脚"组中的"页脚"下拉按钮，选择"编辑页脚"。将光标定位到页脚处，单击"页码"下拉按钮，选择"删除页码"。

> **步骤4**：单击"下一节"按钮，取消选中"链接到前一条页眉"按钮。单击"页码"下拉按钮，在"当前位置"中选择"普通数字"；再单击"页码"下拉按钮，选择"设置页码格式"，弹出"页码格式"对话框，在"编号格式"下拉列表中选择"Ⅰ，Ⅱ，Ⅲ，…"，并设置起始页码为"Ⅰ"。单击"开始"选项卡下"段落"组中的"文本右对齐"按钮。

> **步骤5**：单击"设计"选项卡中的"下一节"按钮，按照同样的方法设置正文页码。

> **步骤6**：设置完成后，单击"关闭页眉和页脚"按钮。

第（4）小题

> **步骤1**：选中文档第1行文字，单击"开始"选项卡下"字体"组中的"字体"下拉列表，选择"华文中宋"，"字号"下拉列表中选择"二号"，单击"段落"组中的"扩展"按钮，在"缩进和间距"选项卡下，设置"对齐方式"为"居中"，段前间距为"3行"，单击"确定"按钮。

> **步骤2**：以同样的方式设置第3段文字的段前间距为"13行"。

> **步骤3**：将光标定位在第2段文字末尾，单击"插入"选项卡下"文本"

组中的"文本框"下拉按钮,选择"绘制竖排文本框",在光标定位处拖动鼠标绘制一个适当大小的竖排文本框,将"会议秩序册"文字剪切粘贴到文本框中,并设置字体为"华文中宋""小一"。右击文本框,在弹出的快捷菜单中选择"设置形状格式"选项,在"线条颜色"中选中"无线条"单选按钮,关闭对话框。

> **步骤4**:选中第1页的剩余5段文字,设置字体为"仿宋""四号""居中"。

第(5)小题

> **步骤1**:选择正文中的标题文字"一、会议报到",单击"开始"选项卡下"样式"组中的"标题1",再右击"标题1",在弹出的快捷菜单中选择"修改"选项,在弹出的"修改样式"对话框中单击"格式"下拉按钮,选择段落。在"缩进和间距"选项卡中单击"特殊格式"按钮,选择"悬挂缩进",磅值为"2字符"。将段前间距和段后间距均设为"自动",行距设为"单倍行距",单击"确定"按钮,再单击"确定"按钮完成修改。

> **步骤2**:光标定位在"会议报到"之前,单击"段落"组中的"编号"下拉按钮,在编号库中选择题目要求的编号。

> **步骤3**:将其他3个标题的编号删除,选中"一、会议报到"文字,双击"开始"选项卡下"剪贴板"组中的"格式刷"按钮。然后分别选择余下的3个标题,选择完成后单击取消"格式刷"按钮。

第(6)小题

> **步骤1**:选中第1部分的正文内容,按照第4小题步骤1的方法设置字体为"宋体""五号",行距为固定值"16磅",左侧缩进"2字符",右侧缩进"2字符",首行缩进"2字符",文字"左对齐"。

> **步骤2**:按照同样的方法设置第2部分的正文内容,或使用格式刷。

第(7)小题

> **步骤1**:选中第3部分标为黄色底色的文字,将文字删除。单击"插入"选项卡下"表格"组中的"表格"下拉按钮,选择"插入表格"。在弹出的对话框中将"行数""列数"分别设置为"10""4",其他保持默认设置,单击"确定"按钮。

➢ **步骤 2**：按照"表 1.jpg"合并单元格，合并方法为：选中需要合并的单元格，单击"布局"选项卡下"合并"组中的"合并单元格"按钮。

➢ **步骤 3**：按照"表 1.jpg"填写表格内容。选中需要填写序号的单元格，单击"开始"选项卡下"段落"组中的"编号"下拉按钮，选择与"表 1.jpg"相同的编号类型。再选中"序号"列，单击"布局"选项卡下"对齐方式"组中的"水平居中"按钮。

➢ **步骤 4**：按照题面要求适当调整单元格对齐方式以及行高列宽。

➢ **步骤 5**：选中表格第 1 行，设置字体为"黑体"。单击"段落"组中的"边框"下拉按钮，选择"边框和底纹"。在弹出的对话框中，切换到"底纹"选项卡下，单击"填充颜色"下拉按钮，选择"白色""背景 1""深度 15%"，单击"确定"按钮。

第(8)小题

➢ **步骤 1**：选中第 4 部分中标黄的文字，将文字删除，单击"插入"选项卡下"表格"组中的"表格"按钮，选择"插入表格"。弹出"插入表格"对话框，在该对话框中将"列数""行数"分别设置为"2""10"。单击"确定"按钮插入表格。

➢ **步骤 2**：按照"表 2.jpg"合并单元格，并填写内容。

➢ **步骤 3**：选中表格第 1 行，单击"布局"选项卡下"对齐方式"组中的"水平居中"按钮。按照"表 2.jpg"设置底纹填充颜色。

➢ **步骤 4**：选中表格第 1 行下面的所有单元格，单击"布局"选项卡下"对齐"组中的"中部两端对齐"按钮。

➢ **步骤 5**：选中表格第 1 行，设置字体为"黑体"。

➢ **步骤 6**：按照题面要求适当调整行高列宽。

第(9)小题

➢ **步骤 1**：将目录页中的黄色部分删除，单击"引用"选项卡下"目录"组中的"目录"下拉按钮，在弹出的下拉列表中选择"插入目录"选项，单击"确定"按钮，手动调整目录格式。

➢ **步骤 2**：选中目录内容，单击"开始"选项卡下"字体"组中的"字号"下拉按钮，将"字号"设置为"四号"。

➢ **步骤 3**：单击"保存"按钮，保存文档。

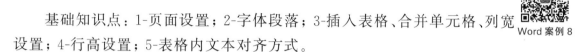

1.8　案例八：制作简历（简约型）

1．知识点

基础知识点：1-页面设置；2-字体段落；3-插入表格、合并单元格、列宽设置；4-行高设置；5-表格内文本对齐方式。

2．题目要求

请按照"简历参考样式.jpg"所示，利用 Word 制作一份简洁、清晰的个人简历，并以文件名"个人简历.docx"保存结果文档。要求如下：

（1）调整文档版面，要求纸张大小为 A4，上、下页边距为"2.5 厘米"，左、右页边距为"3.2 厘米"。

（2）将标题"个人简历"字体设置为"二号""加粗""居中对齐"。

（3）"个人简历"由上下两部分表格组成（见样例图文件"上半部分表格.png"和"下半部分表格.png"）。参照"简历参考样式.jpg"中的样式完成简历内容的填写、单元格的合并，调整表格大小使简历占用一页。

（4）将"主要业绩及获奖情况"以上的行之间平均分布高度。

（5）将"学历经历""工作经历""粘贴相片处"设置成竖排文字；各单元格的文字水平居中，表格居中显示。

3．解题步骤

✔ 第（1）小题

➤ **步骤 1**：右击桌面新建一个 Word 文档，命名为"个人简历.docx"。

➤ **步骤 2**：双击打开该文档，单击"页面布局"选项卡下"页面设置"组中的"扩展"按钮，弹出"页面设置"对话框，切换到"页边距"选项卡，将上、下、左、右页边距分别设为"2.5 厘米""2.5 厘米""3.2 厘米""3.2 厘米"，单击"确定"按钮。

✔ 第（2）小题

➤ **步骤**：输入标题"个人简历"，选中标题，单击"开始"选项卡下"字体"组中的"加粗"按钮，单击"字号"按钮下拉箭头，选择"二号"，单击"段落"组中的"居中"按钮，将标题"居中对齐"。

第（3）小题

> **步骤 1**：先制作上半部分的表格。把光标定位到标题后面，按 Enter 键到第 2 行。单击"开始"选项卡下"字体"组中的"清除格式"按钮，清除格式，让光标位于左侧。

> **步骤 2**：单击"插入"选项卡下的"表格"下拉箭头，选择"插入表格"，参照示例文件设置列数和行数均为 7，然后单击"确定"按钮。

> **步骤 3**：按照示例文件，在对应的单元格内编辑上内容。定位光标在第 1 个单元格输入"求职意向"，然后按向下的方向键，移动光标到下面单元格，输入"姓名"，以同样的方式，输入"身高""身体状况""技术职称""居住地址""身份证照号"；隔一列输入"性别""体重""政治面貌"；再隔一列输入"出生年月""民族""婚姻状况""所学专业""邮政编码""手机号码"；在右上角单元格里输入"粘贴相片处"。完成个人简历上半部分内容的输入。

> **步骤 4**：选中"求职意向"右侧的 5 个单元格，右击选择合并单元格；选中"技术职称"右侧的 3 个单元格，按 F4 键重复上一步的操作；选中右上角"粘贴相片处"的 4 个单元格，按 F4 键合并单元格。以同样的方式完成"居住地址""身份证号""所学专业""邮政编码""手机号码"右侧单元格的合并。

> **步骤 5**：接下来制作下半部分的表格。将光标移到表格下方，单击"插入"选项卡下的"表格"下拉箭头，选择"插入表格"，参照示例样式设置列数为 3、行数为 12，然后单击"确定"按钮。

> **步骤 6**：按照示例样式，在对应的第 1 行单元格内分别输入"学历经历""起止日期""学校及学历证明"。空 4 行在第 6 行单元格内分别输入"工作经历"，"起止日期""单位名称及所从事职务名称"，倒数第 2 行第 1 个单元格里输入"主要业绩及获奖情况"，最后 1 行第 1 个单元格里输入"自我介绍"，完成个人简历下半部分内容的输入。

> **步骤 7**：选中"学历经历"及以下 5 个单元格，右击选择合并单元格；选中"工作经历"及以下 5 个单元格，按一下 F4 键，重复上一步操作，完成单元格的合并。以同样的方法将"主要业绩及获奖情况""自我介绍"右侧的单

元格合并。

➤ **步骤 8**：最后，对表格进行美化。选中第 1 列的右框线，当光标变成左右箭头时，按住鼠标左键往左拖动，使下半部分表格第 1 列与上半部分表格第 1 列的列宽一样。无法对齐时，按住 Alt 键对齐上、下的框线。选中第 2 列的右框线，当光标变成左右箭头的时候，按住鼠标左键往左拖动，使其与上半部分表格的第 3 列右框线对齐。

➤ **步骤 9**：把光标移动到表格右下角，当光标变成左上右下空心箭头时，按住鼠标左键往下拖动，适当调整表格大小。

📖 第（4）小题

➤ **步骤**：选中"主要业绩及获奖情况"行以上的行，单击"布局"选项卡下"单元格大小"组中的"分布行"按钮，让每一行的高度一样。将鼠标移到最后一行下框线，当光标变成上下箭头时，按住鼠标左键往下拖动，适当调高"自我介绍"行的行高。

📖 第（5）小题

➤ **步骤 1**：单击表格左上角全选点选中整个表格，单击"布局"选项卡下"对齐方式"组中的"水平居中"按钮，设置文字"居中对齐"，使所有文字都位于单元格的正中间显示。

➤ **步骤 2**：单击"开始"选项卡下"段落"组中的"居中"按钮，将表格居中。

➤ **步骤 3**：把光标定位在"学历经历"单元格，单击"布局"选项卡下"对齐方式"组中的"文字方向"为"竖向"；定位光标到"工作经历"单元格，按一下 F4 键，重复上一步的操作；以同样方式，设置"粘贴相片处"为竖排文字。

➤ **步骤 4**：参照示例文件，再适当的调宽最右边一列的列宽。

➤ **步骤 5**：单击"保存"按钮，保存文档。

1.9 案例九：学术论文排版

Word 案例 9

1. 知识点

基础知识点：1-另存为文件；2-页面设置、页码；4-上标设置。

中等难点：5-分栏、项目编号、题注、交叉引用；6-多级列表。

重难点：3-字体段落、修改、应用样式。

2．题目要求

某高校医学部刘震超等撰写了一篇名为"两种不同气候环境 COVID-19 活动相关气候因素比较"的学术论文，拟投稿于某大学学报，根据该学报相关要求，论文必须遵照该学报论文样式进行排版。请根据文件夹下"素材.docx"和相关图片文件等素材完成排版任务，具体要求如下：

（1）将素材文件"素材.docx"另存为"论文正文.docx"，保存于文件夹，并在此文件中完成所有要求，最终排版不超过 4 页，样式可参考文件夹下的"论文正样.png"文件。

（2）论文页面设置为 A4，上、下、左、右页边距分别为"2.5 厘米""2.5 厘米""2.2 厘米""2.2 厘米"。论文页面只指定行网格（每页 42 行），页脚距边距"1.4 厘米"，在页脚居中位置设置页码。

（3）论文正文以前的内容，段落不设首行缩进，其中论文标题、作者、作者单位的中英文部分均居中显示，其余为两端对齐。文章编号为"黑体""小五号"；论文标题（红色字体）大纲级别为"1 级"、样式为"标题 1"，中文为"黑体"，英文为"Times New Roman"，字号为"三号"。作者姓名的字号为"小四"，中文为"仿宋"，西文为"Times New Roman"。作者单位、摘要、关键字、中图分类号等中英文部分字号为"小五"，中文为"宋体"，西文为"Times New Roman"，其中摘要、关键字、中图分类号等中英文内容的第一个词（冒号前面的部分）设置为"黑体"。

（4）参考"论文正样 1.jpg"示例，将作者姓名后面的数字和单位前面的数字（中文部分），设置正确的格式。

（5）自正文开始到参考文献列表为止，页面布局分为对称 2 栏，但表 3、图 1、图 2 及其相应的表注、图注仍需跨栏居中显示，无需分栏。正文（不含图、表）中文字体为"宋体"，西文为"Times New Roman"，字号均为"五号"，首行缩进 2 字符，行距为"单倍行距"；表注和图注字体中文均为"宋体"，西文均用"Times New Roman"，字号为"小五号"，居中显示，其中正文中的"图1""图2"与相关图有交叉引用关系（注意："图 1""图 2"的"图"字与数字之间没有空格），参考文献列表为"小五号"，中文为"宋体"，西文均用"Times

New Roman",采用项目编号,编号格式为"[序号]"。

（6）素材中橙色字体部分为论文的第一层标题,大纲级别2级,样式为标题2,多级项目编号格式为"1、2、3…",字体中文为"黑体",西文为"Times New Roman""黑色""四号",段落行距为"最小值""30磅",无段前段后间距；素材中绿色字体部分为论文的第二层标题,大纲级别3级,样式为标题3,对应的多级项目编号格式为"2.1、2.2、…、3.1、3.2…",字体中文为"黑体"、西文为"Times New Roman""黑色""五号",段落行距为"最小值""18磅",段前段后间距为3磅,其中参考文献无多级编号。

3. 解题步骤

第（1）小题

➤ **步骤1**：打开文件夹下的"素材.docx"文件。

➤ **步骤2**：单击"文件"按钮,选择"另存为",将名称设为"论文正样.docx",单击"保存"按钮。

第（2）小题

➤ **步骤1**：切换到"页面布局"选项卡,单击"页面设置"组中的"扩展"按钮,打开"纸张"选项卡,将"纸张大小"设为"A4"。

➤ **步骤2**：切换到在"页边距"选项卡,在"页边距"区域中设置上、下页边距为"2.5厘米",左、右边距为"2.2厘米"。

➤ **步骤3**：切换到"版式"选项卡,在"页眉和页脚"组中将"页脚"设为"1.4厘米"。

➤ **步骤4**：切换到"文档网格"选项卡,在"网格"组中勾选"只指定行网络"单选按钮,在"行数"组中将"每页"设为"42"行,单击"确定"按钮。

➤ **步骤5**：选择"插入"选项卡,单击"页眉和页脚"组中的"页码"下拉按钮,在"页面底端"中选择"普通数字2"。

➤ **步骤6**：切换到"页眉和页脚工具",单击"设计"选项卡下"页眉和页脚"组中的"页码"下拉按钮,选择"设置页码格式",在"编号格式"中选择"-1-,-2-,-3-,…",单击"确定"按钮。设置完成后,单击"关闭页眉和页脚"按钮。

第（3）小题

> **步骤 1**：选择正文以前的内容，切换到"开始"选项卡，单击"段落"组中的"扩展"按钮，弹出"段落"对话框，选择"缩进和间距"选项卡，将"缩进"组中的"特殊格式"设为"无"，单击"确定"按钮。

> **步骤 2**：选中论文标题、作者、作者单位的中英文部分，单击"开始"选项卡下"段落"选项组中的"居中"按钮。

> **步骤 3**：选中文章编号、摘要、关键字的中英文和中图分类号等部分，单击"开始"选项卡下"段落"选项组中的"两端对齐"按钮。

> **步骤 4**：选中"文章编号"部分内容，切换到"开始"选项卡，在"字体"组中将"字体"设为"黑体"，字号设为"小五"。

> **步骤 5**：选中论文标题中文部分和英文部分（红色字），单击"开始"选项卡下"样式"组中的"扩展"按钮，在弹出的对话框中单击"标题1"的下拉按钮，选择"修改"。在"修改样式"对话框中单击"格式"下拉按钮，选择"字体"。在"字体"对话框中设置中文字体为"黑体""黑色""三号"，西文字体为"Times New Roman"，单击"确定"按钮。回到"修改样式"对话框，再次单击"格式"按钮，选择"段落"，在弹出的"段落"对话框中，设置"大纲级别"为"1级"，段落行距为"单倍行距"，段前间距为"1行"，段后间距为"0.5行"，单击"确定"按钮，完成样式的修改，回到"样式"对话框，单击"标题1"，应用样式后，关闭样式窗口。

> **步骤 6**：选中作者姓名中文部分，在"开始"选项卡将中文字体设为"仿宋"，西文字体设为"Times New Roman"，字号设为"小四"。

> **步骤 7**：选中作者姓名英文部分，在"开始"选项卡"字体"组中将字体设为"Times New Roman"，字号设为"小四"。

> **步骤 8**：选中作者单位、摘要、关键字、中图分类号等中文部分，在"开始"选项卡"字体"组中将中文字体设为"宋体"，西文设为"Times New Roman"，其中冒号前面的文字部分设置为"黑体"，"字号"设为"小五"。

> **步骤 9**：选中作者单位、摘要、关键字等英文部分，在"开始"选项卡"字体"组中将字体设为"Times New Roman"，其中冒号前面的部分设置为"黑体"，"字号"为"小五"。

📖 第(4)小题

➤ **步骤**：选中作者姓名后面和单位前面的数字(中文部分)，单击"开始"选项卡下"字体"组中的"上标"按钮。

📖 第(5)小题

➤ **步骤1**：选中正文中表3上方所有内容，切换到"页面布局"选项卡，在"页面设置"选项组中单击"分栏"下拉按钮，在其下拉列表中选择"两栏"。以同样的方法设置图2的图注下方与参考文献列表部分的内容。

➤ **步骤2**：选中表3，单击"开始"选项卡下"段落"组中的"居中"按钮，按照同样的方法对图1、图2进行操作。即可将相关表格和图跨栏居中显示。

➤ **步骤3**：将光标定位在正文某一段文本，切换到"开始"选项卡，单击"编辑"选项组中的"选择"下拉按钮，在弹出的下拉菜单中选择"选择格式相似的文本"选项。单击"字体"组中的"扩展"按钮，设置中文字体为"宋体"，西文字体为"Times New Roman"，"字号"为"五号"，单击"确定"按钮。

➤ **步骤4**：单击"段落"组中的"扩展"按钮，将首行缩进的磅值修改为"2字符"，将行距设置为"单倍行距"，单击"确定"按钮。

➤ **步骤5**：按住Ctrl键，选中所有图注内容，单击"字体"组中的"扩展"按钮，设置中文字体为"宋体"，西文字体为"Times New Roman"，"字号"为"小五"，单击"确定"按钮。单击"段落"组中的"居中"按钮。

➤ **步骤6**：以同样的方法设置表注的字体、字号和对齐方式。

➤ **步骤7**：选中参考文献内容，设置字体和字号。单击"段落"组中的"编号"下拉按钮，选择"定义新编号格式"，"编号样式"选择"1，2，3…"，在"编号格式"文本框中输入"[1]"，单击"确定"按钮。

➤ **步骤8**：将光标定位到第一处图注，删除"图1"文字，单击"引用"选项卡下"题注"组中的"插入题注"按钮，在弹出的对话框中单击"新建标签"，输入"图"，单击"确定"按钮。设置图注为"居中"，并删除"图"和"1"之间的空格。

➤ **步骤9**：删除图1上方"见图1"中的"图1"文字，并将光标定位在该处，单击"引用"选项卡下"题注"组中的"交叉引用"按钮，在弹出的对话框中单击"引用类型"下拉按钮，选择"图"，单击"引用内容"下拉按钮，选择"只有标签和编号"，单击"插入"按钮，关闭对话框。

➤ **步骤10**：删除图下方"图1"文字，单击"交叉引用"按钮，引用类型选择"图"，引用内容选择"只有标签和编号"，选择插入。

> **步骤 11**：用同样的方法设置其余图注的交叉引用。

第（6）小题

> **步骤 1**：将光标定位在正文处，单击"开始"选项卡下"样式"组中的"扩展"按钮，单击"标题 2"下拉按钮，选择"修改"，按照第（3）小题的步骤 5 设置中文字体为"黑体"，西文字体为"Times New Roman""黑色""四号"，大纲级别为"2 级"，段前、段后间距为"0 行"，行距设置为"最小值""30 磅"。

> **步骤 2**：修改样式"标题 3"，设置中文字体为"黑体"，西文字体为"Times New Roman""黑色""五号"，段落行距为"最小值""18 磅"，段前、段后间距为"3 磅"，大纲级别"3 级"。

> **步骤 3**：单击"段落"组中的"多级列表"下拉按钮，选择"定义新的多级列表"。单击"更多"按钮，在"单击要修改的级别"中选择"1"，在"将级别链接到样式"下拉列表中选择"标题 2"，在"要在库中显示的级别"下拉列表中选择"级别 2"；在"单击要修改的级别"中选择"2"，在"将级别链接到样式"下拉列表中选择"标题 3"，在"要在库中显示的级别"下拉列表中选择"级别 3"，单击"确定"按钮。

> **步骤 4**：选中第一处橙色字，切换到"开始"选项卡，单击"编辑"选项组中的"选择"下拉按钮，在弹出的下拉菜单中选择"选择格式相似的文本"，单击"样式"组中的"标题 2"，以同样的方法将样式"标题 3"应用到绿色标题。

> **步骤 5**：光标定位到"参考文献"段落，单击"段落"组中的"编号"按钮取消编号。

> **步骤 6**：单击"保存"按钮，保存文档。

1.10　案例十：《神经网络与深度学习》教材的编排

Word 案例 10

1. 知识点

基础知识点：1-重命名；2-页面设置。

中等难点：3-分节；5-图片、字体段落；6-封面；8-自动目录。

重难点：4-样式；7-页码设置。

2. 题目要求

某出版社小张是新入职的编辑,主编刚派给她关于《神经网络与深度学习》教材的编排任务。请你根据文件夹下"初稿.docx"和相关图片文件的素材,帮助小张完成编排任务,具体要求如下。

(1) 依据素材文件,将教材的正式稿命名为"正式稿.docx",并保存于文件夹下。

(2) 设置页面的纸张大小为 A4,上、下页边距为"3 厘米",左、右页边距为"2.5 厘米",设置每页行数为"36 行"。

(3) 将封面、前言、目录、教材正文的每一章、参考文献均设置为 Word 文档中的独立一节。

(4) 教材内容的所有章节标题均设置为单倍行距,段前、段后间距"0.5 行"。其他格式要求为:章标题(如"第 1 章 绪论")设置为"标题 1"样式,字体为"三号""黑体";节标题(如"1.1 人工智能")设置为"标题 2"样式,字体为"四号""黑体";小节标题(如"1.1.1 人工智能的发展历史")设置为"标题 3"样式,字体为"小四号""黑体"。前言、目录、参考文献的标题参照章标题设置。除此之外,其他正文中的中文字体设置为"宋体",英文字体设置为"Calibri","五号",段落格式为"单倍行距",首行缩进 2 字符。

(5) 将文件夹下的"人工智能发展史.jpg"和"典型神经元结构.jpg"图片文件,依据图片内容插入到正文的相应位置。图片下方的说明文字设置为"居中""小五号""黑体"。

(6) 根据"教材封面样式.jpg"的示例,为教材制作一个封面,图片为文件夹下的"封面背景图.jpg",将该图片文件插入到当前页面,设置该图片为"衬于文字下方",调整大小使之为 A4 幅面。

(7) 为文档添加页码,编排要求为:封面、前言无页码,目录页页码采用小写罗马数字,正文和参考文献页的页码采用阿拉伯数字。正文的每一章以奇数页的形式开始编码,第 1 章的第 1 页页码为"1",之后章节的页码编号续前节编号,参考文献页续正文页页码编号。页码设置在页面的页脚中间位置。

(8) 在目录页的标题下方,以"自动目录 1"方式自动生成本教材的目录。

3. 解题步骤

第(1)小题

➤ **步骤 1**：打开文件夹下的"初稿.docx"素材文件。

➤ **步骤 2**：单击"文件"选项卡下的"另存为"按钮，弹出"另存为"对话框，在该对话框中将"文件名"设为"正式稿.docx"，单击"保存"按钮，将其保存于文件夹下。

第(2)小题

➤ **步骤 1**：单击"页面布局"选项卡下"页面设置"选项组中的"扩展"按钮，弹出"页面设置"对话框，在"页边距"选项卡中，将上、下页边距设为"3 厘米"，左、右页边距设为"2.5 厘米"。

➤ **步骤 2**：切换到"纸张"选项卡，将"纸张大小"设为 A4。

➤ **步骤 3**：切换到"文档网格"选项卡，在"网格"组中勾选"只指定行网格"单选按钮，在"行数"组中将"每页"设为"36 行"，然后单击"确定"按钮。

第(3)小题

➤ **步骤 1**：将光标定位在"前言"文字的前面，单击"页面布局"选项卡下"页面设置"选项组中的"分隔符"下拉按钮，在弹出的下拉列表中执行"下一页"命令，即可将封面设置为独立的一节。

➤ **步骤 2**：使用同样的方法，将目录、参考文献均设置为 Word 文档中的独立一节。

➤ **步骤 3**：将光标定位在教材正文的每一章的前面，单击"页面布局"选项卡下"页面设置"选项组中的"分隔符"下拉按钮，在弹出的下拉列表中执行"奇数页"命令，即可将每一章设置为下一奇数页上独立的一节。

第(4)小题

➤ **步骤 1**：选中"参考文献"字样，单击"开始"选项卡下"编辑"组中的"选择"下拉按钮，选择"选定所有格式类似的文本"。单击"样式"组中的"扩展"按钮，在弹出的"样式"对话框中单击"标题 1"的下拉按钮，选择"更新标题1以匹配所选内容",再次单击下拉按钮,选择"修改"。在弹出的"修改样式"对话框中,设置中文字体为"黑体",字号为"三号"。单击"格式"下拉按钮,选择"段落"。在弹出的"段落"对话框中,设置段前间距和段后间距均为"0.5行",行距设置为"单倍行距",单击"确定"按钮。

➤ **步骤2**:按照题面要求,以同样的方法设置绿色的二级标题、紫色的三极标题以及正文。

第(5)小题

➤ **步骤1**:在正文的相应位置,删除黄色文字。单击"插入"选项卡下"插图"选项组中的"图片"按钮,弹出"插入图片"对话框,选择文件夹下的素材图片"人工智能发展史.jpg",单击"插入"按钮。

➤ **步骤2**:使用同样的方法在对应位置插入图片"典型神经元结构.jpg",并适当调整位置。

➤ **步骤3**:选择图片下方的说明文字,在"开始"选项卡下,将中文字体设为"黑体",字号设为"小五",并单击"段落"选项组中的"居中"按钮。

第(6)小题

➤ **步骤1**:光标定位在"人工智能技术丛书"文字之前,单击"插入"选项卡下"插图"选项组中的"图片"按钮,在弹出的"插入图片"对话框中,选择"封面背景图.jpg"素材文件,单击"插入"按钮。

➤ **步骤2**:选择插入的图片,单击"格式"选项卡下"排列"组中的"自动换行"下拉按钮,选择"衬于文字下方"。

➤ **步骤3**:右击图片,在弹出的快捷菜单中选择"大小和位置"选项,在弹出的"布局"对话框中取消勾选"锁定纵横比"复选框,设置"高度"的绝对值为"29.7厘米","宽度"的绝对值为"21厘米",单击"确定"按钮。拖动图片,使其正好覆盖整个页面。

➤ **步骤4**:参考"教材封面样式",设置封面文字的字体、字号及位置。

第(7)小题

➤ **步骤1**:将光标定位在目录页,单击"插入"选项卡下"页眉和页脚"组中的"页码"下拉按钮,选择"删除页码",再次单击"页码"下拉按钮,在"页面底端"中选择"普通数字 2"。在"导航"组中取消选中"链接到前一条页眉"。单击"页码"下拉按钮,选择"设置页码格式",在"编号格式"下拉按钮中选择"小写罗马数字",起始页码为"i",单击"确定"按钮。

➤ **步骤 2**：光标定位在第 2 页页脚,单击"页码"下拉按钮,选择"删除页码"。

➤ **步骤 3**：将光标定位在第 1 章正文的首页,单击"页码"下拉按钮,选择"删除页码"。选择"设置页码格式",在弹出的对话框中设置起始页码为"1",单选按钮,单击"确定"按钮。

➤ **步骤 4**：将光标定位在第 2 章正文的首页,单击"页码"下拉按钮,选择"设置页码格式",在弹出的对话框中选中"续前节"单选按钮,单击"确定"按钮。

➤ **步骤 5**：按照同样的方法为其他节设置页码,设置完毕后,单击"关闭页眉和页脚"按钮。

第(8)小题

➤ **步骤 1**：光标放于目录页需要删除的文字前,单击"引用"选项卡下"目录"选项组中的"目录"下拉按钮,在弹出的下拉菜单中选择"自动目录 1",即可自动生成目录,并删除多余内容。

➤ **步骤 2**：单击"保存"按钮,保存文件。

Word 案例 11

1.11　案例十一："请(休)假审批单"批量制作

1. 知识点

基础知识点：1-另存为文件；4-单元格格式；5-字体段落；7-SmartArt 图形。

中等难点：2-页面设置、分栏；3-表格；6-文本框。

重难点：8-邮件合并：合并规则。

2. 题目要求

某高校人事处为了规范人事管理和学校考勤制度,保障学校的正常运作,请小王设计教职工《请(休)假审批单》模板。请根据文件夹下"素材 1.

docx"和"素材2.xlsx"文件完成制作任务,具体要求如下。

(1) 将素材文件"素材1.docx"另存为"请(休)假审批单模板.docx",保存于文件夹下,后续操作均基于此文件。

(2) 将页面设置为A4、横向,页边距均为"1厘米"。设置页面为"两栏",栏间距为"2字符",其中左栏内容为《请(休)假审批单》表格,右栏内容为《关于教职工请、销假注意事项》文字,要求左右两栏内容不跨栏、不跨页。

(3) 设置《请(休)假审批单》表格整体居中,所有单元格内容垂直居中对齐。参考文件夹下"请(休)假审批单样例.png"所示,适当调整表格行高和列宽,其中两个"意见"及"申请人销假"的行高不低于3.3厘米,其余各行行高不低于1.2厘米。

(4) 设置《请(休)假审批单》标题(表格第一行)水平居中,字体为"小二""华文中宋""加粗",其他单元格中已有文字字体均为"小四""仿宋""加粗""居中对齐"。其他空白单元格格式均为"四号""楷体""左对齐"。设置单元格的边框,细线宽度为"0.5磅",粗线宽度为"1.5磅"。

(5) 设置《关于教职工请、销假注意事项》的第一行格式为"小三""黑体""加粗""居中";其余内容为"小四""仿宋""两端对齐",首行缩进2字符。

(6)《关于教职工请、销假注意事项》以文本框形式完成,其文字的显示方向与《请(休)假审批单》相比,逆时针旋转90°。

(7) 将"请假、销假工作流程"中的四个步骤改用"垂直流程"SmartArt图形显示,颜色为"强调文字颜色1",样式为"简单填充"。

(8)"Word素材2.xlsx"文件中包含了教职工请(休)假信息,需使用"请(休)假审批单模板.docx"自动批量生成所有《请(休)假审批单》。其中,对于请假3天以内(不含3天)的请(休)假审批单,"部门领导意见"栏填写"同意,交人事处备案。";否则填写"情况属实,同意,请分管院领导审批。"。另外,对于请(休)假天数不超过1天(不含1天)的不再单独审核,在批量生成请(休)假审批单时需将这些请(休)假审批记录自动跳过。生成的批量请(休)假审批单以"批量请(休)假审批单.docx"命名存放。

3. 解题步骤

✎ 第(1)小题

➤ **步骤**:打开文件夹下的"Word素材1.docx"文件,单击"文件"选项卡,选择"另存为"。在弹出的对话框中输入文件名"请(休)假审批单模板.docx",单击"保存"按钮。

第(2)小题

➤ **步骤1**：单击"页面布局"选项卡下"页面设置"组中的"扩展"按钮,将上、下、左、右页边距均设为"1厘米",单击"横向"按钮。

➤ **步骤2**：切换到"纸张"选项卡下,单击"纸张大小"下拉按钮,选择"A4",单击"确定"按钮。

➤ **步骤3**：按Ctrl+A键全选文档内容,单击"页面设置"组中的"分栏"下拉按钮,选择"更多分栏"。在弹出的对话框中,选择"两栏",设置栏间距为"2字符",单击"确定"按钮。

➤ **步骤4**：将光标定位到表格下一行,单击"分隔符"下拉按钮,选择"分栏符"。

第(3)小题

➤ **步骤1**：选中整个表格,单击"开始"选项卡下"段落"组中的"居中"按钮。

➤ **步骤2**：单击"表格工具"中"布局"选项卡下"单元格大小"组中的"扩展"按钮。在弹出的"表格属性"对话框中,切换到"行"选项卡下,将指定高度设置为"1.2厘米",行高值设置为"固定值"。取消选中"允许跨页断行"复选框,单击"确定"按钮。

➤ **步骤3**：选中两个"意见"及"申请人销假"的单元格,在"表格工具"中"布局"选项卡下的"单元格大小"组中,输入不低于3.3厘米的行高。

第(4)小题

➤ **步骤1**：选中表格第1行,单击"表格工具"中"布局"选项卡下"对齐方式"组中的"水平居中"按钮。单击"开始"选项卡下"字体"组中的"字体"下拉按钮,选择"华文中宋";单击"字号"下拉按钮,选择"小二""加粗"。

➤ **步骤2**：选中"单位"单元格,设置字体为"仿宋""小四""加粗",设置单元格对齐方式为"水平居中"。

➤ **步骤3**：双击"格式刷"按钮,单击选中需要设置的单元格,即可设置其格式与"单位"单元格相同。设置完成后,再次单击"格式刷"按钮,取消该操作。

> **步骤4**：选中"单位"单元格右侧的空白单元格,设置其字体为"楷体""四号",设置单元格对齐方式为"中部两端对齐"。使用格式刷设置其他空白单元格的格式。

> **步骤5**：可适当手动调整单元格行高。

> **步骤6**：单击"表格工具"中"设计"选项卡下"绘图边框"组中的"绘制表格"按钮,单击左侧"笔画粗细"下拉按钮,选择"1.5磅"。按照"请(休)假审批单样例.png",为表格添加粗线边框。

> **步骤7**：单击"笔样式"下拉按钮,选择"无边框",按照"请(休)假审批单样例.png",将"请(休)假审批单"单元格设置为"无边框"。

> **步骤8**：绘制完成后,取消选中"绘制表格"按钮。

第(5)小题

> **步骤**：选中右侧第1行文字,设置字体为"黑体""小三""加粗""居中"。选中其余段落,设置字体为"仿宋""小四""两端对齐"。单击"段落"组中的"扩展"按钮,在弹出的对话框中单击"特殊格式"下拉按钮,选择"首行缩进",磅值为"2字符",单击"确定"按钮。

第(6)小题

> **步骤1**：选中右侧所有文字,右击,在弹出的快捷菜单中选择"剪切"选项。单击"插入"选项卡下"文本"组中的"文本框"下拉按钮,选择"简单文本框"。将文字粘贴到文本框中,粘贴时选择"保留源格式"。

> **步骤2**：选中文本框,单击"绘图工具"中"格式"选项卡下"排列"组中的"旋转"下拉按钮,选择"向左旋转90°"。在"大小"组中设置高度和宽度,并适当调整位置。

第(7)小题

> **步骤1**：将光标定位在文本框文字最底端,单击"插入"选项卡下"插图"组中的"SmartArt"按钮,在弹出的对话框中选择"流程"中的"垂直流程",单击"确定"按钮。单击"SmartArt工具"中"设计"选项卡下"创建图

形"组中的"添加形状"按钮，将"请（休）假、销假工作流程"中的四个步骤复制、粘贴到SmartArt图形的文本框中，并删除多余文字。

➤ **步骤2**：选中SmartArt图形中的四个形状，并手动调整大小。

➤ **步骤3**：选中SmartArt图形，单击"SmartArt工具"中"设计"选项卡下"SmartArt样式"组中的"更改颜色"下拉按钮，选择"彩色轮廓-强调文字颜色1"，在右侧单击"简单填充"按钮。

第(8)小题

➤ **步骤1**：单击"邮件"选项卡下"开始邮件合并"组中的"选择收件人"下拉按钮，选择"使用现有列表"。在弹出的对话框中选择文件夹下的"素材2.xlsx"，单击"打开"按钮。在弹出的"选择表格"对话框中单击"确定"按钮。

➤ **步骤2**：将光标定位到第2行第2个单元格，单击"编写和插入域"组中的"插入合并域"下拉按钮，选择"单位"。

➤ **步骤3**：将光标定位到第3行第2个单元格，单击"编写和插入域"组中的"插入合并域"下拉按钮，选择"姓名"。

➤ **步骤4**：将光标定位到第4行第2个单元格，单击"编写和插入域"组中的"插入合并域"下拉按钮，选择"请假类别"，再次单击"编写和插入域"组中的"插入合并域"下拉按钮，选择"天数"。以同样的方式插入其他合并域。

➤ **步骤5**：将光标定位在"部门领导意见"右侧的空白单元格中，单击"编写和插入域"组中的"规则"下拉按钮，选择"如果…那么…否则…"，在弹出的对话框中单击"域名"下拉按钮，选择"天数"。单击"比较条件"下拉按钮，选择"小于"，在"比较对象"文本框中输入"3"。在"则插入此文字"文本框中输入"同意，交人事处备案。"，在"否则插入此文字"文本框中输入"情况属实，拟同意，请分管院领导审批。"，单击"确定"按钮。

➤ **步骤6**：将光标定位在第3行第2个单元格的文字后，单击"规则"下拉按钮，选择"跳过记录条件"。在弹出的对话框中，设置"天数"，"比较条件"为"小于"，"比较对象"为"1"，单击"确定"按钮。

➤ **步骤7**：单击"完成"组中的"完成并合并"下拉按钮，选择"编辑单个文档"，在弹出的对话框中选中"全部"单选按钮，单击"确定"按钮。

➤ **步骤8**：单击"保存"按钮，在弹出的对话框中输入文件名"批量请（休）假审批单.docx"，单击"保存"按钮，关闭文件。

➤ **步骤 9**：单击"请(休)假审批单模板.docx"的"保存"按钮,保存文件。

1.12 案例十二："致家长的一封信"文档设置

Word 案例 12

1. 知识点

基础知识点：1-文件另存为。

中等难点：2-页码设置、页码；3-页眉页脚；4-样式、字体段落；6-表格；7-段前分页、页面排版、页码设置、目录；8-文本复制、插入直线。

重难点：5-SmartArt 图形；8/9-邮件合并。

2. 题目要求

××中学王老师负责向本校的学生家长传达有关学生人身意外伤害保险投保方式的通知。该通知需要下发至每位学生,并请家长填写回执。参照"结果示例.png"文件,按下列要求帮助王老师编排家长信及回执。

(1) 将"××学生意外险素材.docx"文件另存为"Word.docx",后续操作均基于此文件。

(2) 进行页面设置：纸张方向"横向"、纸张大小 A3(宽 42 厘米×高 29.7 厘米),上、下页边距均为"2.5 厘米"、左、右页边距均为"2.0 厘米",页眉、页脚分别距边界"1.2 厘米"。要求每张 A3 纸上从左到右按顺序打印两页内容,左、右两页均于页面底部中间位置显示格式为"-1-、-2-"类型的页码,页码自 1 开始。

(3) 插入"空白(三栏)"型页眉,在左侧的内容控件中输入学校名称"××中学",删除中间的内容控件,在右侧插入文件夹下的图片"logo.jpg"代替原来的内容控件,适当缩小图片,使其与学校名称高度匹配。将页眉下方的分隔线设为"标准红色""2.25 磅""上宽下细"的双线型。

(4) 将文中所有的空白段落删除,然后将"一、二、三、四、五、六、七"所示标题段落设置为"标题 1"样式；将"附件 1、附件 2、附件 3、附件 4、附件 5"所示标题段落设置为"标题 2"样式。

(5) 利用"附件 2：学生人身意外伤害保险投保工作流程图"下面用灰色底纹标出的文字、参考样例图绘制相关的流程图,要求：各个图形之间使用连接线，连接线将会随图形的移动而自动伸缩，中间的图形应沿垂直方向左右居中。

（6）将"附件3：学生人身意外伤害保险投保时间进度表"下的紫色文本转换为表格，并参照素材中的样例图片进行版式设置，调整其字体、字号、颜色、对齐方式和缩进方式，使其有别于正文。套用一个合适的表格样式，并将表格整体居中。

（7）令每个附件标题所在的段落前自动分页，调整流程图使其与附件2标题行合计占用一页。然后在信件正文之后（黄色底纹标示处）插入有关附件的目录，不显示页码，且目录内容能够随文章变化而更新。最后删除素材中用于提示的多余文字。

（8）在信件抬头的"尊敬的"和"学生儿童家长"之间插入学生姓名，在"附件5：参加2024—2025学年度学生人身意外伤害保险回执"下方的"学校"、"年级和班级"（显示为"初二一班"格式）、"学生姓名"、"性别"、"学号"后分别插入相关信息，将学校、年级、班级、学生姓名、性别、学号等信息存放在"学生档案.xlsx"文档中。在下方将制作好的回执复制一份，将其中"（此联家长留存）"改为"（此联学校留存）"，在两份回执之间绘制一条剪裁线、并保证两份回执在一页上。

（9）仅为其中所有学校初二年级的每位在校状态为"在读"的女生生成家长通知，通知包含家长信的主体、所有附件、回执。要求每封信中只能包含1位学生信息。将所有通知页面另外以文件名"正式通知.docx"保存（如果有必要，应删除文档中的空白页面）。

3. 解题步骤

💾 第（1）小题

➤ **步骤**：打开文件夹下的"××学生意外险素材.docx"文件，单击"文件"选项卡，选择"另存为"。在弹出的对话框中输入文件名"Word.docx"，单击"保存"按钮。

💾 第（2）小题

➤ **步骤1**：单击"页面布局"选项卡下"页面设置"组中的"扩展"按钮，在弹出的"页面设置"对话框中，单击"横向"按钮，设置上、下页边距均为"2.5

厘米"，左、右页边距均为"2.0厘米"。单击"多页"下拉按钮，选择"拼页"。

> **步骤 2**：换到"纸张"选项卡下，单击"纸张大小"下拉按钮，选择"A3"。

> **步骤 3**：切换到"版式"选项卡下，设置页眉、页脚分别距边界"1.2厘米"，单击"确定"按钮。

> **步骤 4**：将光标定位到第1页，单击"插入"选项卡下"页眉和页脚"组中的"页码"下拉按钮，选择"页面底端"中的"普通数字2"。单击"页眉和页脚工具"中"设计"选项卡下"页眉和页脚"组中的"页码"下拉按钮，选择"设置页码格式"。在弹出的"页码格式"对话框中单击"编号格式"下拉按钮，选择"-1-，-2-，-3-…"。选中"起始页码"单选按钮，单击"确定"按钮，单击"关闭页眉和页脚"按钮。

第（3）小题

> **步骤 1**：单击"插入"选项卡下"页眉和页脚"组中的"页眉"下拉按钮，选择"空白（三栏）"。选中左侧的内容控件，输入学校名称"××中学"。选中中间的内容控件，按 Backspace 键删除。选中右侧的内容控件，单击"页眉和页脚工具"中"设计"选项卡下"插入"组中的"图片"按钮，选择文件夹下的"logo.jpg"，单击"插入"按钮。适当调整该图片大小，使其符合题目要求。

> **步骤 2**：光标定位在页眉处，单击"开始"选项卡下"段落"组中的"下框线"下拉按钮，选择"边框和底纹"。在弹出的"边框和底纹"对话框中单击"自定义"按钮，单击"样式"下拉按钮，选择"上宽下细的双线型"。单击"颜色"下拉按钮，选择"红色（标准色）"，单击"宽度"下拉按钮，选择"2.25磅"。单击右侧"应用于"下拉按钮，选择"段落"，单击上方"下框线"按钮，单击"确定"按钮。单击"关闭页眉和页脚"按钮。

第（4）小题

> **步骤 1**：将光标定位在文档开头，单击"开始"选项卡下"编辑"组中的"替换"按钮。在弹出的"查找和替换"对话框中，将光标定位到"查找内容"，单击"更多"按钮，单击"特殊格式"下拉按钮，选择"段落标记"，再次单击"特殊格式"下拉按钮，选择"段落标记"。将光标定位到"替换为"文本框，单击"特殊格式"下拉按钮，选择"段落标记"。单击"全部替换"按钮，单击"确定"按钮，单击"关闭"按钮。

> **步骤 2**：选中"致学生家长的一封信"，在"开始"选项卡下的"样式"组中，单击样式库中的"标题"。

> **步骤 3**：按照同样的方式，为"一、二、三、四、五、六、七"所示标题段落和"附件 1、附件 2、附件 3、附件 4、附件 5"所示标题段落应用相应格式。

> **步骤 4**：在"开始"选项卡下的"样式"组中，右击样式库中的"正文"，在弹出的快捷菜单中选择"修改"选项。在弹出的"修改样式"对话框中，单击"字体"下拉按钮，选择"仿宋"；单击"字号"下拉按钮，选择"小四"。单击"格式"下拉按钮，选择"段落"。单击"特殊格式"下拉按钮，选择"首行缩进"，磅值默认为"2 字符"。调整段前间距为"0.5 行"，单击"行距"下拉按钮，选择"多倍行距"，在"设置值"文本框中输入"1.25"。单击"确定"按钮，回到"修改样式"对话框，再次单击"确定"按钮。

> **步骤 5**：选中信件的三行落款，单击"开始"选项卡下"段落"组中的"文本右对齐"按钮。

第（5）小题

> **步骤 1**：将光标置于"附件 2"文字的最后一行结尾处，单击"页面布局"选项卡下"页面设置"组中的"分隔符"按钮，在下拉列表框中选择"分页符"命令，插入新的一页。

> **步骤 2**：光标置于附件 2 下方，单击"插入"选项卡下"插图"组中的"形状"下拉按钮，选择"新建绘图画布"。

> **步骤 3**：单击"绘图工具"中"格式"选项卡下"插入形状"组中的"形状"下拉按钮，选择"流程图：准备"，在画布上画出形状。单击"绘图工具"中"格式"选项卡下"形状样式"组中的"形状填充"下拉按钮，选择"无填充颜色"。单击"形状轮廓"下拉按钮，选择"浅绿（标准色）"，"粗细"设置为"1磅"。右击已经画好的形状，在弹出的快捷菜单中选择"添加文字"选项，单击"开始"选项卡下"样式"组中的"3"样式，按照示例的流程图输入相应的文字。

> **步骤 4**：单击"绘图工具"中"格式"选项卡下"插入形状"组中的"形状"下拉按钮，选择"流程图：过程"，在画布上画出形状。按照同样的方法设置形状填充为"无填充颜色"，"形状轮廓"为"蓝色（标准色）"，"粗细"为"1磅"。按照步骤 2 的方法输入相应文字。

➢ **步骤 5**：单击"绘图工具"中"格式"选项卡下"插入形状"组中的"形状"下拉按钮，选择"线条"中的"箭头"，将两个形状对应的红色顶点连接起来。

➢ **步骤 6**：按照同样的方法绘制所有的"流程图：过程"形状和箭头。

➢ **步骤 7**：单击"绘图工具"中"格式"选项卡下"插入形状"组中的"形状"下拉按钮，选择"流程图：终止"，设置形状填充为"无填充颜色"，"形状轮廓"为"绿色(标准色)"，"粗细"为"1 磅"，并输入相应文字。

➢ **步骤 8**：单击"绘图工具"中"格式"选项卡下"插入形状"组中的"形状"下拉按钮，选择"流程图：可选过程"，设置形状填充为"无填充颜色"，"形状轮廓"为"蓝色(标准色)"，"粗细"为"1 磅"，并输入相应文字。

➢ **步骤 9**：单击"绘图工具"中"格式"选项卡下"插入形状"组中的"形状"下拉按钮，选择"线条"中的"肘形箭头连接符"，将"流程图：可选过程"形状与第 6 个"流程图：过程"形状对应的红色顶点连接起来。用同样方式将"流程图：可选过程"形状与第 9 个"流程图：过程"形状连接。

第(6)小题

➢ **步骤 1**：选中紫色文字，单击"插入"选项卡下"表格"组中的"表格"下拉按钮，选择"文本转换成表格"，在弹出的"将文字转换成表格"对话框中，单击"确定"按钮。单击"表格工具"中"布局"选项卡下"单元格大小"组中的"自动调整"下拉按钮，选择"根据内容自动调整表格"。

➢ **步骤 2**：按照示例图片，适当调整表格列的宽度。

➢ **步骤 3**：选中表格第 1 行，单击"表格工具"中"布局"选项卡下"对齐方式"组中的"水平居中"按钮。以同样方式将表格第 1 列、第 2 列单元格的对齐方式设置为"水平居中"。

➢ **步骤 4**：选中整个表格，单击"开始"选项卡下"字体"组中的"字体"下拉按钮，选择"宋体"。单击"字号"下拉按钮，选择"小五"。单击"字体颜色"下拉按钮，选择"蓝色(标准色)"。

➢ **步骤 5**：选中整个表格，单击"开始"选项卡下"段落"组中的"居中"按钮。单击"表格工具"中"设计"选项卡下"表格样式"组中的"样式库"下拉按钮，选择"浅色网格-强调文字颜色 5"，并按照示例图片适当调整表格大小。

第（7）小题

➤ **步骤 1**：光标定位在"附件 1"左侧，单击"页面布局"选项卡下"页面设置"组中的"分隔符"下拉按钮，选择"分页符"。以同样的方法设置其他的附件标题，删去空白页面。

➤ **步骤 2**：选中"在这里插入有关附件的目录"，单击"引用"选项卡下"目录"组中的"目录"下拉按钮，选择"插入目录"。在弹出的"目录"对话框中取消选中"显示页码"复选框。单击"选项"按钮。在弹出的"目录选项"对话框中，只保留标题 2 的目录级别，将其余级别删除，单击"确定"按钮，之后再次单击"确定"按钮。

➤ **步骤 3**：选中提示的多余文字，按 Backspace 键删除。

➤ **步骤 4**：适当调整流程图，使其与附件 2 标题行合并，共占用一页。

第（8）小题

➤ **步骤 1**：单击"邮件"选项卡下"开始邮件合并"组中的"选择收件人"下拉按钮，选择"使用现有列表"。在弹出的对话框中，选择文件夹下的"学生档案.xlsx"，单击"打开"按钮。在弹出的"选择表格"对话框中单击"确定"按钮。

➤ **步骤 2**：将光标定位在信件抬头的"尊敬的"和"学生家长"之间，单击"编写和插入域"组中的"插入合并域"下拉按钮，选择"姓名"。将光标定位到回执单的"学校："右侧，单击"编写和插入域"组中的"插入合并域"下拉按钮，选择"学校"。将光标定位到"年级和班级："右侧，单击"编写和插入域"组中的"插入合并域"下拉按钮，选择"年级"，再次单击"插入合并域"下拉按钮，选择"班级"。以同样的方式插入其他合并域。

➤ **步骤 3**：选中"（此联家长留存）"，设置字体为"华文中宋""小三""居中"。选中回执单，按 Ctrl＋C 键复制，按 Ctrl＋V 键粘贴。

➤ **步骤 4**：将下方的回执单中的"（此联家长留存）"改为"（此联学校留存）"。删除下方回执单标题中的"附件 5："，选中标题，应用"开始"选项卡下"样式"组中的"正文"样式，并将字体设置为"华文中宋""三号""居中"。

➤ **步骤 5**：单击"插入"选项卡下"插图"组中的"形状"下拉按钮，选择"线条"中的"直线"。按住 Shift 键，在合适的位置绘制一条直线。选中该直线，单击"绘图工具"中"格式"选项卡下"形状样式"组中的"形状轮廓"下拉按钮,选择"虚线"中的"短画线"。

> **步骤 6**：选中两张回执单的内容,单击"开始"选项卡下"段落"组中的"扩展"按钮,在弹出的"段落"对话框中,切换到"换行和分页"选项卡下,勾选"与下段同页复选框",单击"确定"按钮。

第(9)小题

> **步骤 1**：单击"邮件"选项卡下"开始邮件合并"组中的"编辑收件人列表"按钮,在弹出的"邮件合并收件人"对话框中单击"年级"下拉按钮,选择"初二";单击"在校状态"下拉按钮,选择"在读",单击"性别"下拉按钮,选择"女",单击"确定"按钮。

> **步骤 2**：单击"邮件"选项卡下"完成"组中的"完成并合并"下拉按钮,选择"编辑单个文档",在弹出的对话框中选中"全部"单选按钮,单击"确定"按钮。

> **步骤 3**：单击"保存"按钮,在弹出的对话框中输入文件名"正式通知.docx",单击"保存"按钮,关闭文件。

> **步骤 4**：单击"Word.docx"的"保存"按钮,保存并关闭文件。

1.13　实例十三：《云会议软件应用》书稿排版

Word 案例 13

1. 知识点

基础知识点：1-页面设置；3-查找与替换文本；4-题注设置；5-表格；6-创建文档目录、使用分节符分页；8-插入水印。

重难点：2-多级列表设置；7-页眉页脚页码。

2. 题目要求

请按下列要求帮助某出版社编辑对一篇有关云会议软件应用的书稿"云会议(素材).docx"进行排版操作并按"云会议.docx"文件名进行保存。

(1) 按下列要求进行页面设置：纸张大小 16 开,对称页边距,上边距"2.5厘米"、下边距"2 厘米",内侧边距"2.5厘米"、外侧边距"2 厘米",装订线"1 厘米",页脚距边界"1 厘米"。

（2）书稿中包含三个级别的标题，分别用"（一级标题）""（二级标题）""（三级标题）"字样标出。按下列要求对书稿应用样式、多级列表、样式格式进行相应修改。

（3）样式应用结束后，将书稿中各级标题文字后面括号中的提示文字及括号"（一级标题）""（一级标题）""（三级标题）"全部删除。

（4）书稿中有若干表格及图片，分别在表格上方和图片下方的说明文字左侧添加形如"表 1-1""表 2-1""图 1-1""图 2-1"的题注，其中连字符"-"前面的数字代表章号、"-"后面的数字代表图表的序号，各章节图和表分别连续编号。添加完毕后，将样式"题注"的格式修改为仿宋、小五号字、居中。

（5）在书稿中用红色标出的文字的适当位置，为前两个表格和前三个图片设置自动引用其题注号。为第 2 张表格"表 2-2 编辑会议参数说明表"套用一个合适的表格样式、保证表格第 1 行在跨页时能够自动重复、且表格上方的题注与表格总在一页上。

（6）在书稿的最前面插入目录，要求包含标题第 1～3 级及对应页号。目录、书稿的每 1 章均为独立的一节，每一节的页码均以奇数页为起始页码。

（7）书稿页码使用阿拉伯数字（1、2、3、……）且各章节间连续编码。除每章首页不显示页码外，其余页面要求奇数页页码显示在页脚右侧，偶数页页码显示在页脚左侧。

（8）将文件夹下的示例图片"向日葵.jpg"设置为本文稿的水印，水印处于书稿页面的中间位置、图片增加"冲蚀"效果。

3．解题步骤

🖊 第（1）小题

➤ **步骤 1**：打开文件夹下的"云会议（素材）.docx"文件。

➤ **步骤 2**：单击"页面布局"选项卡下"页面设置"组中的"扩展"按钮，单击"页边距"选项卡下"页码范围"组中的"多页"下拉按钮，选择"对称页边距"。设置上边距为"2.5 厘米"、下边距为"2 厘米"，内侧边距为"2.5 厘米"、外侧边距为"2 厘米"，"装订线"设置为"1 厘米"。

➤ **步骤 3**：切换至"纸张"选项卡，将"纸张大小"设置为"16 开"。

➤ **步骤 4**：切换至"版式"选项卡，将"页眉和页脚"组下距边界的"页脚"

设置为"1厘米",单击"确定"按钮。

第(2)小题

➢ **步骤1**：单击"开始"选项卡下"段落"组中的"多级列表"下拉按钮,选择"定义新的多级列表"。

➢ **步骤2**：在弹出的对话框中单击"更多"按钮。

➢ **步骤3**：在"单击要修改的级别"中选择"1",单击"将级别链接到样式"下拉按钮,选择"标题1",在"输入编号格式"文本框中"1"的左侧输入"第",右侧输入"章"。

➢ **步骤4**：在"单击要修改的级别"中选择"2",单击"将级别链接到样式"下拉按钮,选择"标题2",在"输入编号格式"文本框中将"1.1"改为"1-1"。

➢ **步骤5**：在"单击要修改的级别"中选择"3",单击"将级别链接到样式"下拉按钮,选择"标题3",在"输入编号格式"文本框中将"1.1.1"改为"1-1-1"。

➢ **步骤6**：在"位置"组中将"文本缩进位置"修改为与标题2的缩进位置相同,单击"确定"按钮。

➢ **步骤7**：右击"开始"选项卡下"样式"组中的"标题1",在弹出的快捷菜单中选择"修改"选项。

➢ **步骤8**：在弹出的"修改样式"对话框中,单击"格式"组中的"字体"下拉按钮,选择"黑体";单击"字号"下拉按钮,选择"小二";取消选中"加粗"。

➢ **步骤9**：单击"格式"下拉按钮,选择"段落",在弹出的"段落"对话框中,设置段前间距为"1.5行",段后间距为"1行",单击"行距"下拉按钮,选择"最小值",设置值为"12磅"。单击"对齐方式"下拉按钮,选择"居中"。单击"确定"按钮,完成设置。

➢ **步骤10**：按照题面要求,以同样的方法修改样式"标题2""标题3"和"正文"。

➢ **步骤11**：选中用"(一级标题)"标出的字样,单击"标题1";选中用"(二级标题)"标出的字样,单击"标题2";选中用"(三级标题)"标出的字样,单击"标题3"。

第（3）小题

➢ **步骤 1**：单击"开始"选项卡下"编辑"组中的"替换"按钮，弹出"查找与替换"对话框，在"查找内容"文本框中输入"（一级标题）"，"替换为"文本框中不输入，单击"全部替换"按钮。

➢ **步骤 2**：按上述同样的操作方法删除"（二级标题）"和"（三级标题）"。

第（4）小题

➢ **步骤 1**：将光标插入到表格上方说明文字左侧，单击"引用"选项卡下"题注"组中的"插入题注"按钮，在弹出的对话框中单击"新建标签"按钮，在弹出的对话框中输入"标签"名称为"表"，单击"确定"按钮，返回到之前的对话框中，将"标签"设置为"表"，然后单击"编号"按钮，在弹出的对话框中，勾选"包含章节号"，将"章节起始样式"设置为"标题 1"，将"使用分隔符"设置为"-"（连字符），单击"确定"按钮，返回到之前的对话框后，单击"确定"按钮（给图表添加题注时，需要新建标签"图"）。

➢ **步骤 2**：将光标插入至下一个表格上方说明文字左侧，可以直接单击"引用"选项卡下"题注"组中的"插入题注"按钮，在弹出的对话框中，单击"确定"按钮，即可插入题注内容。以同样的方法插入其余题注（设置前两个表格和前 3 张图片即可）。

➢ **步骤 3**：单击"开始"选项卡下"样式"组右侧的下拉按钮，在打开的"样式"窗格中选中"题注"样式并右击，在弹出的快捷菜单中选择"修改"选项，即可弹出"修改样式"对话框，在"格式"组下选择"仿宋""小五"，单击"居中"按钮。

第（5）小题

➢ **步骤 1**：将光标插入到被标红文字旁的合适位置，此处以第一处标红文字为例，将光标插入到"如"字的后面，单击"引用"选项卡下"题注"组中的"交叉引用"按钮，在弹出的对话框中，将"引用类型"设置为"表"，将"引用内容"设置为"只有标签和编号"，在"引用哪一个题注"下选择"图 2-1 登录"，单击"插入"按钮，再单击"关闭"按钮。

➢ **步骤 2**：使用同样方法在其他标红文字的适当位置，设置"自动引用题注号"。

➢ **步骤3**：选择"表2-2编辑会议参数说明表"，在"设计"选项卡下"表格样式"组为表格套用一个样式。

➢ **步骤4**：将光标定位在表格中标题行，单击"布局"选项卡下"表"组中的"属性"按钮，在弹出的对话框中切换到"行"选项卡下，勾选"在各页顶端以标题行形式重复出现"复选框，单击"确定"按钮。选中题注，右击，选择"段落"再切换到"换行和分页"选项卡，在"换行和分页"里面勾选"与下段同页"，单击"确定"按钮。

📎 第(6)小题

➢ **步骤1**：根据题意要求将光标插入到第1页一级标题的左侧，单击"页面布局"选项卡下"页面设置"组中的"分隔符"按钮，在下拉列表中选择"下一页"。使用同样的方法为其他的章节分节，使每1章均为独立的一节。

➢ **步骤2**：将光标插入到第1页，单击"开始"选项卡下"样式"组中的下拉按钮，选择"清除格式"。

➢ **步骤3**：单击"引用"选项卡下"目录"组中的"目录"下拉按钮，在下拉列表中选择"插入目录"，单击"选项"，在目录选项中目录级别选择"标题1，标题2，标题3"，单击"确定"按钮。在弹出的对话框中单击"确定"按钮。

➢ **步骤4**：将光标定位在目录页，单击"页面布局"选项卡下"页面设置"组中的"扩展"按钮，在"版式"选项卡下设置"节的起始位置"为"奇数页"，单击"确定"按钮。

➢ **步骤5**：按照同样的方法设置其余部分。

📎 第(7)小题

➢ **步骤1**：双击正文第1页页脚，在"设计"选项卡下勾选"奇偶页不同"复选框，取消选中"链接到前一条页眉"，单击"页码"下拉按钮，选择"当前位置"中的"普通数字"。勾选"首页不同"复选框。

➢ **步骤2**：将光标定位到正文第2页页脚，取消选中"链接到前一条页眉"按钮，单击"页码"下拉按钮，选择"当前位置"中的"普通数字"。

➢ **步骤3**：将光标定位到下一章的首页，勾选"首页不同"复选框。以同样的方法设置正文其他章。

➢ **步骤4**：设置奇数页页码和偶数页页码的对齐方式。设置完成后，单击"关闭页眉和页脚"按钮。

第(8)小题

➤ **步骤1**：将光标定位到文稿，单击"页面布局"选项卡下"页面背景"组中的"水印"下拉按钮，在下拉列表中选择"自定义水印"，在弹出的对话框中选择"图片水印"选项，然后单击"选择图片"按钮，在弹出的对话框中，选择文件夹中的素材"向日葵"，单击"插入"按钮，返回之前的对话框中，勾选"冲蚀"复选框，单击"确定"按钮。

➤ **步骤2**：单击"保存"按钮，在弹出的"另存为"对话框中输入文件名"云会议.docx"，单击"保存"按钮。

Word 案例 14

1.14　实例十四："手机市场占比排行"资讯排版

1．知识点

基础知识点：1-另存为；2-页面设置；3-修改样式；4-设置字体、段落属性设置；5-查找和替换、删除文档中的空行；7-插入图片、图片格式。

重难点：6-插入图表设置。

2．题目要求

王同学准备发布一篇有关手机市场份额排名的文章，请你按照如下要求帮其完成文稿的排版工作。

（1）打开"Word 素材.docx"文件，将其另存为"Word.docx"，之后所有的操作均在"Word.docx"文件中进行。

（2）设置页面的纸张大小为 A4，上、下页边距为"3.2 厘米"，左、右页边距为"2.5 厘米"，设置每页行数为"40 行"。

（3）将文档题目格式设置为本文档样式库中的"标题"，修改"标题"样式，设置其字体为"微软雅黑"，段前间距为"1.5 行"、段后间距为"0.5 行"。

（4）修改文档样式库中的"正文"样式，使文档中所有正文字号为"五号"，段落首行缩进"2 字符"，段前间距为"1 行"、段后间距为"0.5 行"。

（5）删除文档中的所有空行。

（6）基于文档中的"2017—2021年5大品牌智能手机市场收入"表格数据，在该表格下方，生成一张如示例文件"chart.png"所示的图表，插入到表格后的空行中，并将图表调整到与文档页面宽度相匹配，居中显示。完成后删除原表格及表格标题。

（7）参照"样式图.png"为文档插入对应的手机图片（图片在素材文件夹下），适当调整图片的大小和位置，且不要遮挡文档中的文字内容。

3. 解题步骤

第（1）小题

> **步骤1**：打开文件夹下的"Word素材.docx"文件。

> **步骤2**：选择"文件"选项卡，在下拉列表中单击"另存为"按钮，弹出"另存为"对话框，在文件名中输入"Word.docx"，单击"保存"按钮，单击"确定"按钮。

第（2）小题

> **步骤1**：单击"页面布局"选项卡下"页面设置"组中的"扩展"按钮，弹出"页面设置"对话框。在对话框中的"页边距"选项卡下，将上、下、左、右页边距分别设为"3.2厘米""3厘米""2.5厘米""2.5厘米"。

> **步骤2**：切换至"纸张"选项卡，单击"纸张大小"下拉按钮，选择"A4"。切换至"文档网格"选项卡，在"网格"组中勾选"只指定行网格"单选按钮，在"行数"组中将"每页"设为"40行"，然后单击"确定"按钮。

第（3）小题

> **步骤1**：将光标定位在文档标题前，单击"开始"选项卡下"样式"选项组中的"扩展"按钮，单击"标题"下拉按钮，选择"更新标题以匹配所选内容"。

> **步骤2**：再次单击"标题"下拉按钮，选择"修改"。在弹出的"修改样式"对话框中，设置字体为"微软雅黑"。

> **步骤3**：单击"格式"下拉按钮，选择"段落"。在弹出的"段落"对话框中，设置段前间距为"1.5行"、段后间距为"0.5行"，单击"确定"按钮。

第（4）小题

➢ **步骤 1**：将光标定位在正文处，在"样式"组中右击选中"正文"样式，在弹出的快捷菜单中选择"修改"选项。

➢ **步骤 2**：在"修改样式"对话框中单击"格式"下拉按钮，选择"字体"，设置字号为"五号"，单击"确定"按钮。

➢ **步骤 3**：在"段落"对话框中单击"特殊格式"下拉按钮，选择"首行缩进"，磅值为"2 字符"，设置段前间距为"1 行"、段后间距为"0.5 行"，设置完成后，单击"确定"按钮。

第（5）小题

➢ **步骤**：选中整个文档内容，单击"开始"选项卡下"编辑"组中的"替换"按钮，在弹出的"查找和替换"对话框中将光标定位到"查找内容"文本框，删除"查找内容"文本框中的内容，单击"更多"按钮，单击"特殊格式"下拉按钮，选择"段落标记"。再次单击"特殊格式"按钮，选择"段落标记"。将光标定位到"替换为"文本框，单击"特殊格式"下拉按钮，选择"段落标记"。单击"全部替换"按钮，完成替换后，单击"关闭"按钮。

第（6）小题

➢ **步骤 1**：将光标定位在"2017—2021 年 5 大品牌智能手机市场收入"表格下方，单击"插入"选项卡下"插图"选项组中的"图表"按钮，弹出"插入图表"对话框，选择"柱形图"中的"堆积柱形图"，并设置图表"居中"，单击"确定"按钮。

➢ **步骤 2**：将表格数据复制到堆积柱形图的数据表里，并调整图表数据区域的大小，关闭 Excel 表格。

➢ **步骤 3**：选中柱形图，切换到"图表工具"下的"布局"选项卡，单击"标签"选项组中的"数据标签"下拉按钮，在弹出的下拉列表中选择"居中"。单击"图例"下拉按钮，在下拉列表中选择"在底部显示图例"。

➢ **步骤 4**：右击选中柱形图最上面的"合计"系列条形图，在弹出的快捷菜单中选择"设置数据标签格式"选项，在"标签选项"下，选择"标签位置"为"轴内侧"；选择"设置数据系列格式"，在"系列选项"下，单击"填充"选项卡，勾选"无填充"；单击"边框颜色"选项卡，勾选"无线条"。单击"图例项",选择整个图例项,再次单击选择其中的"合计"系列图例项,按 Delete 键删除。

➤ **步骤 5**:右击左侧纵坐标轴,在弹出的快捷菜单中选择"设置坐标轴格式"选项。在对话框的"坐标轴选项"中,选中最小值的"固定"单选按钮,在文本框中输入"10";选中最大值的"固定"单选按钮,在文本框中输入"500";选中主要刻度单位的"固定"单选按钮,在文本框中输入"10"。"主要刻度线类型""坐标轴标签"都选择"无"。在"线条颜色"选项中,选择"无线条"。单击"关闭"按钮。

➤ **步骤 6**:在"坐标轴"选项组中单击"网格线"下拉按钮,选择"主要横网格线"为"无"。

➤ **步骤 7**:右击选择"合计系列 2017 数据标签",在弹出的"字体"选项卡下,手动修改值为 390B。以同样的方式修改 2018 合计系列数据标签值、2019 合计系列数据标签值、2020 合计系列数据标签值、2021 合计系列数据标签值分别为 410B、405B、382B、448B。

➤ **步骤 8**:右击"苹果系列数据标签",在弹出的"字体"选项卡,设置字体颜色为"白色"。以同样的方式修改 vivo 系列数据标签、Xiaomi 系列数据标签、OPPO 系列数据标签字体颜色为"白色"。

➤ **步骤 9**:右击选中"苹果"条形图,在弹出的快捷菜单中选择"设置数据系列格式"选项。在弹出对话框的"系列选项"中选择"填充"选项卡下的"纯色填充",单击"颜色"下拉按钮,按照示例文件"chart.png",选择"黑色"。以同样的方式设置 vivo 条形图、Xiaomi 条形图、OPPO 条形图、Samsung 条形图的颜色。右击选中"Others"条形图,在弹出的快捷菜单中选择"设置数据系列格式"选项。在弹出对话框的"系列选项"中选择"填充"选项卡下的"图案填充",参照示例文件"chart.png",选择恰当的图案。

➤ **步骤 10**:选中图表,单击"布局"选项卡下的"图表标题"下拉按钮,选择"图表上方",并输入标题名称"2017—2021 年 5 大品牌智能手机市场收入(单位:十亿美元)"。选中标题文字,在"开始"选项卡下的"字体"组中设置其字号大小,并拖动到与示例文件"chart.png"相同的位置。

➤ **步骤 11**:调整图表位置与大小,使其与文档页面宽度相匹配。

➤ **步骤 12**:删除柱形图表上方的多余的表格及该表标题。

第（7）小题

➤ **步骤 1**：参照"样式图.png"，将光标定位到合适的位置，单击"插入"选项卡下"插图"组中的"图片"按钮，在弹出的对话框中选择文件夹下的"iPhone13 Pro Max.png"图片，单击"插入"按钮。单击"图片工具"中"格式"选项卡下"排列"组中的"自动换行"下拉按钮，选择"四周型环绕"，适当调整图片大小，并拖动图片，调整位置。

➤ **步骤 2**：以同样的方法插入其他手机图片，保存文档。

第2章

Excel操作案例

2.1 案例一：图书销量统计

Excel 案例 1

1. 知识点

基础知识点：1-单元格格式设置、套用表格格式；4-乘法运算；9-保存文件。

重难点：2/3-VLOOKUP 函数；5-SUM 函数；6/7/8-SUMIFS 与DATE 函数嵌套。

2. 题目要求

文件夹下的"Excel 素材.xlsx"文件是某法律图书销售公司销售数据报表。请你根据报表内容，按照如下要求完成统计和分析工作：

（1）请对"订单明细"工作表进行格式调整，通过套用表格格式方法将所有的销售记录调整为一致的外观格式，并将"单价"列和"小计"列所包含的单元格调整为"会计专用"（人民币）数字格式。

（2）根据图书编号，请在"订单明细"工作表的"图书名称"列中，使用VLOOKUP 函数完成图书名称的自动填充。"图书名称"和"图书编号"的对应关系在"编号对照"工作表中。

（3）根据图书编号，请在"订单明细"工作表的"单价"列中，使用VLOOKUP 函数完成图书单价的自动填充。"单价"和"图书编号"的对应关系在"编号对照"工作表中。

（4）在"订单明细"工作表的"小计"列中，计算每笔订单的销售额。

（5）根据"订单明细"工作表中的销售数据，统计所有订单的总销售金额，并将其填写在"统计报告"工作表的 B3 单元格中。

（6）根据"订单明细"工作表中的销售数据，统计《民法》图书在 2020 年的总销售额，并将其填写在"统计报告"工作表的 B4 单元格中。

（7）根据"订单明细"工作表中的销售数据，统计广通书店在 2019 年第 3 季度的总销售额，并将其填写在"统计报告"工作表的 B5 单元格中。

（8）根据"订单明细"工作表中的销售数据，统计广通书店在 2019 年的每月平均销售额（保留 2 位小数），并将其填写在"统计报告"工作表的 B6 单元格中。

（9）保存文件为"Excel. xlsx"。

3. 解题步骤

第（1）小题

➤ **步骤 1**：打开文件下的"Excel 素材. xlsx"文件，打开"订单明细表"工作表。

➤ **步骤 2**：选中工作表中的 A2 : H636 单元格，单击"开始"选项卡下"样式"组中的"套用表格格式"按钮，在弹出的下拉列表中选择一种表样式，此处我们选择"表样式浅色 11"。弹出"套用表格式"对话框。保留默认设置后单击"确定"按钮。

➤ **步骤 3**：选中"单价"列，按住 Ctrl 键，同时选中"小计"列，右击，在弹出的快捷菜单中选择"设置单元格格式"选项，继而弹出"设置单元格格式"对话框。单击"数字"选项卡下"分类"组中的"会计专用"命令，然后单击"货币符号（国家/地区）"下拉列表选择"￥"，单击"确定"按钮。

第（2）小题

➤ **步骤**：在"订单明细表"工作表的 E3 单元格中输入公式"＝VLOOKUP(D3,编号对照!＄A＄3:＄C＄19,2,FALSE)"，按 Enter 键完成图书名称的自动填充。

第（3）小题

➤ **步骤**：选中"订单明细表"工作表中的 F3 单元格，在编辑栏中输入公式"=VLOOKUP(D3,编号对照!＄A＄3:＄C＄19,3,FALSE)",按 Enter 键进行计算,选中 F3 单元格,拖动右下角填充柄,填充 F 列数据。

第(4)小题

➤ **步骤**：选中"订单明细表"工作表中的 H3 单元格,在编辑栏中输入公式"=F3＊G3",按 Enter 键进行计算,选中 H3 单元格,拖动右下角填充柄,填充 H 列数据。

第(5)小题

➤ **步骤 1**：选中"统计报告"工作表中的 B3 单元格,在编辑栏中输入公式"=SUM(订单明细表!H3:H636)",按 Enter 键后完成销售额的自动填充。

➤ **步骤 2**：单击 B3 单元格右侧的"自动更正选项"按钮,选择"撤销计算列"。

第(6)小题

➤ **步骤**：选中"统计报告"工作表中的 B4 单元格,在编辑栏中输入公式"=SUMIFS(订单明细表!H3:H636,订单明细表!B3:B636,">="&DATE(2020,1,1),订单明细表!B3:B636,"<="&DATE(2020,12,31),订单明细表!E3:E636,"《民法》")",按 Enter 键确认。

第(7)小题

➤ **步骤**：选中"统计报告"工作表中的 B5 单元格,在编辑栏中输入公式"=SUMIFS(订单明细表!H3:H636,订单明细表!B3:B636,">="&DATE(2019,7,1),订单明细表!B3:B636,"<="&DATE(2019,9,30),订单明细表!C3:C636,"广通书店")",按 Enter 键确认。

第(8)小题

➤ **步骤**：选中"统计报告"工作表中的 B6 单元格,在编辑栏中输入公式"=SUMIFS(订单明细表!H3:H636,订单明细表!B3:B636,">="&DATE(2019,1,1),订单明细表!B3:B636,"<="&DATE(2019,12,

31），订单明细表!C3:C636，"广通书店"）/12"，按 Enter 键确认，然后设置该单元格式保留 2 位小数（在这里默认是 2 位小数，所以不需要修改）。

第（9）小题

> **步骤**：单击"另保存"按钮将文件保存为"Excel.xlsx"。

Excel 案例 2

2.2   案例二：图书销售情况分析汇总

1. 知识点

基础知识点：1-重命名工作表；4-乘法运算；5-单元格格式设置、套用表格格式；7-保存文件。

中等难点：2/3-VLOOKUP 函数；6-SUM 函数。

2. 题目要求

文件夹下的文件"法律类图书销售情况统计.xlsx"是墨香书店 2020 年 5 月、6 月的销售情况记录，请根据该文档对 2020 年 5 月至 6 月的销售情况进行统计分析并汇总出新的表：

（1）将"Sheet1"工作表命名为"5 月份法律图书销售情况"，将"Sheet2"工作表命名为"6 月份法律图书销售情况"。

（2）根据图书编号，请在"6 月份法律图书销售情况"工作表的"图书名称"列中，使用 VLOOKUP 函数完成图书名称的自动填充。

（3）根据图书编号，请在"6 月份法律图书销售情况"工作表的"单价"列中，使用 VLOOKUP 函数完成单价的自动填充。

（4）分别在"5 月份法律图书销售情况""6 月份法律图书销售情况"工作表内，计算出各类图书的"销售额（元）"列内容。

（5）对"图书销量汇总统计"表进行适当的格式化操作：将"单价（元）""总销售额（元）"列设为保留两位小数的数值，适当加大行高列宽，改变字体、字号，设置对齐方式，通过套用表格格式将所有的销售记录调整为一致的外观格式。

（6）在"图书销量汇总统计"表中，计算出"总销售额（元）"列的值。

（7）保存"法律类图书销售情况统计. xlsx"文件。

3. 解题步骤

第(1)小题

> **步骤1：**在文件夹下打开"法律类图书销售情况统计. xlsx"文件。

> **步骤2：**右击 Sheet1 工作表标签，在弹出的快捷菜单中选择"重命名"选项，输入"5 月份法律图书销售情况"。

> **步骤3：**按照同样的方法重命名 Sheet2 工作表为"6 月份法律图书销售情况"。

第(2)小题

> **步骤：**在"6 月份法律图书销售情况"工作表中选中 B3 单元格，在编辑栏中输入公式"＝VLOOKUP(A3,'5 月份法律图书销售情况'! A＄3:B＄17,2,FALSE)"，按 Enter 键进行计算，向下拖动右下角自动填充柄，填充至 B17 单元格。

第(3)小题

> **步骤：**选中 C3 单元格，在编辑栏中输入公式"＝VLOOKUP(A3,'5 月份法律图书销售情况'! A＄3:C＄17,3,FALSE)"，按 Enter 键进行计算，向下拖动右下角自动填充柄，填充至 C17 单元格。

第(4)小题

> **步骤1：**在"5 月份法律图书销售情况"工作表中选中 E3 单元格，在编辑栏中输入公式"＝C3＊D3"，按 Enter 键进行计算，向下拖动右下角自动填充柄，填充至 E17 单元格。

> **步骤2：**按照步骤1，计算出"6 月份法律图书销售情况"工作表中"销售额(元)"列内容。

第(5)小题

> **步骤1：**进入"图书销量汇总统计"工作表，选中 C3:D17 单元格，单击

"开始"选项卡下"数字"组中的"扩展"按钮,在弹出的"设置单元格格式"对话框中,选择"数字"选项卡下"分类"组中的"数值",设置小数位数为"2",单击"确定"按钮。

➤ **步骤2**：选中 A2:D17 单元格,单击"单元格"组中的"格式"下拉按钮,选择"行高",在弹出的对话框中,输入合适的行高值,如"16",单击"确定"按钮。以同样的方法设置列宽,如"20"。

➤ **步骤3**：在"字体"组中设置字体字号,这里选择"华文楷体""14号",在"段落"组中设置对齐方式为"居中",再手动调整一下列宽以显示所有文字。

➤ **步骤4**：选中 A1:D1 单元格,单击"开始"选项卡下"对齐方式"组中的"合并后居中"按钮,并调整其字体、字号。

➤ **步骤5**：选中 A2:D17 单元格,单击"样式"组中的"套用表格格式"下拉按钮,任意选择一个表样式,在弹出的对话框中单击"确定"按钮。

第(6)小题

➤ **步骤**：选中 D3 单元格,在编辑栏中输入公式"=SUM('5月份法律图书销售情况'!E3,'6月份法律图书销售情况'!E3)",按 Enter 键进行计算,向下拖动右下角自动填充柄,填充至 D17 单元格。

第(7)小题

➤ **步骤**：单击"保存"按钮,保存文件。

Excel 案例 3

2.3   案例三：降雨量统计表

1. 知识点

基础知识点：1-单元格格式设置；5-重命名工作表。
中等难点：2-AVERAGE 函数；3-MAX 函数；4-设置图表。

2. 题目要求

请按照题目要求打开相应的命令,完成下面的内容,具体要求如下。

（1）在文件夹下打开"Excel. xlsx"文件，将 Sheet1 工作表的 A1:G1 单元格合并为一个单元格，内容"水平居中"。

（2）计算"月平均值"行的内容（数值型，保留小数点后 1 位）。

（3）计算"最高值"行的内容（三年中某月的最高值，利用 MAX 函数）。

（4）选取"月份"行（A2:G2 单元格）和"月平均值"行（A6:G6 单元格）数据区域的内容建立"带数据标记的折线图"（系列产生在"行"），图表标题为"降雨量统计图"，清除图例；将图插入到表的 A9:F20 单元格区域内。

（5）将工作表命名为"降雨量统计表"，保存 Excel. xlsx 文件。

3. 解题步骤

👆 第（1）小题

➢ **步骤**：选中 A1:G1 单元格，单击"开始"选项卡下"对齐方式"组中的"合并后居中"按钮。

👆 第（2）小题

➢ **步骤**：选择 B6 单元格，在编辑栏中输入公式"＝AVERAGE（B3:B5）"，然后按 Enter 键，完成平均值的运算，然后利用自动填充功能，对 C6:G6 单元格进行填充计算。单击"开始"选项卡下"数字"组右下角的"扩展"按钮。在弹出的"设置单元格格式"对话框中选择"数字"选项卡，在"分类"中选择"数值"项，将"小数位数"设置为"1"。

👆 第（3）小题

➢ **步骤**：选择 B7 单元格，在编辑栏中输入公式"＝MAX（B3:B5）"，然后按 Enter 键，完成平均值的运算，然后利用自动填充功能，对 C6:G6 单元格进行填充计算。

👆 第（4）小题

➢ **步骤 1**：选定要操作的数据范围，单击"插入"选项卡下"图表"组右下角的"扩展"按钮，选择"带数据标记的折线图"，单击"确定"按钮。

➢ **步骤 2**：在"图表工具"中选择"布局"选项卡，单击"标签"组中的"图表标题"命令，选择"图表上方"选项，在图表标题文本框中输入"降雨量统计图"。

➤ **步骤 3**：单击"标签"组中的"图例"命令，选择"无"，取消图例。

第（5）小题

➤ **步骤 1**：双击 Sheet1 工作表标签或者右击工作表标签，在弹出的快捷菜单中选择"重命名"选项。

➤ **步骤 2**：输入工作表名："降雨量统计表"，按 Enter 键完成修改。

➤ **步骤 3**：调整图表的大小和位置，使图表位于表的 A9：F20 单元格区域内。

➤ **步骤 4**：保存"Excel.xlsx"文件。

Excel 案例 4

2.4　案例四：销售人员业绩统计表

1. 知识点

基础知识点：1-重命名工作表；2-单元格格式设置；4-复制工作表、设置工作表标签颜色；7-保存文件。

中等难点：3-函数 SUM、RANK；5-分类汇总；6-设置图表。

2. 题目要求

请根据下列要求对文件夹下"Excel.xlsx"表进行整理和分析。

（1）将 Sheet1 工作表命名为"销售业绩统计表"。

（2）对工作表标题合并居中、适当调整其字体、字号，并改变字体颜色。适当加大数据区域（除标题外）行高和列宽，设置对齐方式，同时为数据区域增加适当边框和底纹。

（3）利用 SUM 和 RANK 函数分别计算每位销售人员上半年的总销售额及排名。

（4）复制工作表"销售业绩统计表"，将副本放置在原表之后；改变该副本标签的颜色，并重新命名，新表名需包含"分类汇总"。

（5）通过分类汇总功能求出每个门店每月的平均销量，并将每组结果分页显示。

（6）以分类汇总结果为基础，创建一个簇状圆柱图，对每个部门每个月
的平均销售额进行比较，并将该图表放置在一个名为"图表分析"的新工作
表中，该表置于"分类汇总"表的后面。

（7）保存"Excel.xlsx"文件。

3. 解题步骤

第（1）小题

➢ **步骤1**：打开文件夹下的"Excel.xlsx"文件。

➢ **步骤2**：双击 Sheet1 工作表标签，重命名为"销售业绩统计表"。

第（2）小题

➢ **步骤1**：选中 A1:K1 单元格，单击"开始"选项卡下"对齐方式"组中的
"合并后居中"按钮。

➢ **步骤2**：在"字体"组中调整字体和字号，单击"字体颜色"下拉按钮，
改变颜色。

➢ **步骤3**：选中 A2:K46 单元格，单击"单元格"组中的"格式"下拉按钮，
选择"行高"，在弹出的对话框中输入行高值，如"16"。用同样的方法增大列宽。

➢ **步骤4**：单击"对齐方式"组中的"居中"按钮。

➢ **步骤5**：单击"单元格"组中的"格式"下拉按钮，选择"设置单元格格
式"。切换到"边框"选项卡下，设置边框；切换到"填充"选项卡下，选择任意
颜色设置底纹。

第（3）小题

➢ **步骤1**：选中 J3 单元格，在编辑栏中输入公式"＝SUM(D3:I3)"，按
Enter 键进行计算，向下拖动右下角自动填充柄，填充至 J46 单元格。

➢ **步骤2**：选中 K3 单元格，在编辑栏中输入公式"＝RANK(J3,J$3:J$46,
0)"，按 Enter 键进行计算，向下拖动右下角自动填充柄，填充至 K46 单元格。

第（4）小题

➢ **步骤1**：右击"销售业绩统计表"工作表标签，在弹出的快捷菜单中选

择"移动或复制"选项。在弹出的对话框中选择"Sheet2"，勾选"建立副本"复选框，单击"确定"按钮。

> **步骤 2**：按照题面要求，重命名"销售业绩统计表（2）"工作表为"销售业绩统计分类汇总"。

> **步骤 3**：右击该工作表标签，在"工作表标签"下选择任意一种颜色。

第（5）小题

> **步骤 1**：选中 C3 单元格，单击"开始"选项卡下"编辑"组中的"排序和筛选"下拉按钮，选择"自定义排序"。在弹出的对话框中设置"主要关键字"为"门店"，单击"确定"按钮。

> **步骤 2**：切换至"数据"选项卡，单击"分级显示"组中的"分类汇总"按钮。在弹出的对话框中设置"分类字段"为"门店"，"汇总方式"为"平均值"。取消勾选"排名"复选框，选中"一月份""二月份""三月份""四月份""五月份""六月份"和"每组数据分页"复选框，单击"确定"按钮。

第（6）小题

> **步骤 1**：单击行号左侧的所有"-"符号（保留最外侧的"-"符号），选中 C2：I49 单元格。切换至"插入"选项卡，单击"图表"组中的"柱形图"下拉按钮，选择"簇状圆柱图"。

> **步骤 2**：右击图表，在弹出的快捷菜单中选择"剪切"选项。进入 Sheet2 工作表，右击 A1 单元格，在弹出的快捷菜单中选择"粘贴选项"下的"使用目标主题"。

> **步骤 3**：将 Sheet2 工作表重命名为"图表分析"。

第（7）小题

> **步骤**：单击"保存"按钮，保存文件。

Excel 案例 5

2.5　案例五：公司差旅费统计分析

1. 知识点

基础知识点：1-单元格格式设置（自定义）。

重难点：2-IF 与 WEEKDAY 嵌套；3-函数 LEFT；4-函数 VLOOKUP；5-SUMIFS 与 DATE 嵌套；6/7/8-SUMIFS、SUM。

2. 题目要求

在文件夹下打开"Excel.xlsx"文件。

请按照如下需求，在"Excel.xlsx"文件中完成 2020 年度某公司差旅报销情况。

（1）在"费用报销管理"工作表"日期"列的所有单元格中，标注每个报销日期属于星期几，例如日期为"2020 年 1 月 20 日"的单元格应显示为"2020 年 1 月 20 日星期一"，日期为"2020 年 1 月 21 日"的单元格应显示为"2013 年 1 月 21 日星期二"。

（2）如果"日期"列中的日期为星期六或星期日，则在"是否加班"列的单元格中显示"是"，否则显示"否"（必须使用公式）。

（3）使用公式统计每个活动地点所在的省份或直辖市，并将其填写在"地区"列所对应的单元格中，例如"北京市""浙江省"。

（4）依据"费用类别编号"列内容，使用 VLOOKUP 函数，生成"费用类别"列内容。对照关系参考"费用类别"工作表。

（5）在"差旅成本分析报告"工作表 B3 单元格中，统计 2020 年第二季度发生在北京市的差旅费用总金额。

（6）在"差旅成本分析报告"工作表 B4 单元格中，统计 2020 年员工孙凡华报销的火车票费用总额。

（7）在"差旅成本分析报告"工作表 B5 单元格中，统计 2020 年差旅费用中，飞机票费用占所有报销费用的比例，保留 2 位小数。

（8）在"差旅成本分析报告"工作表 B6 单元格中，统计 2020 年发生在周末（星期六和星期日）的通信补助总金额。

3. 解题步骤

✎ 第（1）小题

➤ **步骤 1**：打开文件夹下的"Excel.xlsx"文件。

➤ **步骤 2**：在"费用报销管理"工作表中，选中"日期"数据列，右击，在弹出的快捷菜单中选择"设置单元格格式"选项，弹出"设置单元格格式"对话框。切换至"数字"选项卡,在"分类"列表框中选择"自定义"命令,在右侧的"示例"组中"类型"列表框中输入:yyyy"年"m"月"d"日"[＄-804]aaaa;@。设置完毕后单击"确定"按钮即可。

第(2)小题

➤ **步骤**：选中"费用报销管理"工作表的 H3 单元格,在编辑栏中输入公式"=IF(WEEKDAY(A3,2)>5,"是","否")",表示在星期六或者星期日情况下显示"是",否则显示"否",按 Enter 键确认。然后向下填充公式到最后一个日期即可完成设置。

第(3)小题

➤ **步骤**：选中"费用报销管理"工作表的 D3 单元格,在编辑栏中输入公式"=LEFT(C3,3)",表示取当前文字左侧的前 3 个字符,按 Enter 键确认。然后向下填充公式到最后一个日期即可完成设置。

第(4)小题

➤ **步骤**：选中"费用报销管理"工作表的 F3 单元格,在编辑栏中输入公式"=VLOOKUP(E3,费用类别!＄A＄3:＄B＄12,2,FALSE)",按 Enter 键后完成"费用类别"的填充。然后向下填充公式到最后一个日期即可完成设置。

第(5)小题

➤ **步骤**：选中"差旅成本分析报告"工作表的 B3 单元格,在编辑栏中输入公式"=SUMIFS(费用报销管理!G3:G401,费用报销管理!A3:A401,">="&DATE(2020,4,1),费用报销管理!A3:A401,"<="&DATE(2020,6,30),费用报销管理!D3:D401,"北京市")"。

第(6)小题

➤ **步骤**：选中"差旅成本分析报告"工作表的 B4 单元格,在编辑栏中输入公式"=SUMIFS(费用报销管理!G3:G401,费用报销管理!B3:B401,"孙凡华",费用报销管理!F3:F401,"火车票"),按 Enter 键确认。

第(7)小题

➤ **步骤**：选中"差旅成本分析报告"工作表的 B5 单元格,在编辑栏中输入公式"=SUMIFS(费用报销管理!G3:G401,费用报销管理!F3:F401,"飞机票")/SUM(费用报销管理!G3:G401)",按 Enter 键确认,并设置数字格式,保留两位小数(默认是两位小数,故不需要修改)。

第(8)小题

➤ **步骤 1**：在"差旅成本分析报告"工作表的 B6 单元格的编辑栏中输入公式"=SUMIFS(费用报销管理!G3:G401,费用报销管理!H3:H401,"是",费用报销管理!F3:F401,"通信补助")",按 Enter 键确认。

➤ **步骤 2**：保存并关闭文件。

2.6 案例六：学生期末成绩分析

Excel 案例 6

1. 知识点

基础知识点：1-文档另存操作；2-插入列设置、单元格格式、套用表格格式。

重难点：3-函数 SUM、AVERAGE、RANK、条件格式；4-连接符 &、TEXT 函数、取数函数 MID、格式函数 DBNum1；5-创建数据透视表、工作表标签设置；6-设置图表、移动图表。

2. 题目要求

某校教务处的王老师,需要对 2018 级四个法律专业教学班的期末成绩进行分析,以便学院领导掌握各班学习的整体情况。请根据文件夹下的"年级期末成绩分析-素材.xlsx"文件,帮助王老师完成 2018 级法律专业学生期末成绩分析表的制作。

具体要求如下。

(1) 将"年级期末成绩分析-素材.xlsx"文件另存为"年级期末成绩分

析.xlsx"，以下所有操作均基于此新保存的文档。

（2）在"2018级法律"工作表最右侧依次插入"总分""平均分""年级排名"列；将工作表的第一行根据表格实际情况合并居中为一个单元格，并设置合适的字体、字号，使其成为该工作表的标题。对班级成绩区域套用带标题行的"表样式中等深浅16"的表格格式。设置所有列的对齐方式为居中，其中排名为整数，其他成绩的数值保留1位小数。

（3）在"2018级法律"工作表中，利用公式分别计算"总分""平均分""年级排名"列的值。对学生成绩不及格（小于60）的单元格套用格式突出显示为"黄色（标准色）填充色红色（标准色）文本"。

（4）在"2018级法律"工作表中，利用公式根据学生的学号，将其班级的名称填入"班级"列，规则为：学号的第3位为专业代码、第4位代表班级序号，即01为"法律一班"，02为"法律二班"，03为"法律三班"，04为"法律四班"。

（5）根据"2018级法律"工作表，创建一个数据透视表，放置于表名为"班级平均分"的新工作表中，工作表标签颜色设置为红色。要求数据透视表中按照法律英语、计算机、现代汉语、宪法、刑法、民法、立法法、法制史、经济法的顺序统计各班各科成绩的平均分，其中行标签为班级。为数据透视表格内容套用带标题行的"数据透视表样式中等深浅16"的表格格式，所有列的对齐方式设为居中，成绩的数值保留1位小数。

（6）在"班级平均分"工作表中，针对各课程的班级平均分创建二维的簇状柱形图，其中水平簇标签为班级，图例项为课程名称，并将图表放置在表格下方的A10：H30区域中。

3. 解题步骤

🖊 第（1）小题

➤ **步骤**：打开文件夹下的"年级期末成绩分析-素材.xlsx"文件，单击"文件"选项卡下的"另存为"按钮，弹出"另存为"对话框，在该对话框中将其文件名设置为"年级期末成绩分析-结果.xlsx"，单击"保存"按钮。

🖊 第（2）小题

➤ **步骤1**：在M2、N2、O2单元格中分别输入文字"总分""平均分""年级排名"。

➢ **步骤2**：选择 A1:O1 单元格，单击"开始"选项卡下"对齐方式"组中的"合并后居中"按钮，即可将工作表的第一行合并居中为一个单元格。

➢ **步骤3**：选择合并后的单元格，在"开始"选项卡下的"字体"组中将字体设置为"黑体"，将字号设置为"24"。

➢ **步骤4**：选中 A2:O102 区域的单元格，单击"开始"选项卡下"样式"组中的"套用表格样式"下拉按钮，在弹出的下拉列表中选择"表样式中等深浅16"。在弹出的对话框中保持默认设置，单击"确定"按钮即可为选中的区域套用表格样式。确定单元格处于选中状态，单击"开始"选项卡下"对齐方式"组中的"垂直居中"和"居中"按钮，将对齐方式设置为"居中"。

➢ **步骤5**：选中 D3:N102 区域的单元格，右击，在弹出的快捷菜单中选择"设置单元格格式"选项，弹出"设置单元格格式"对话框。在该对话框中选择"数字"选项卡，在"分类"列表框中选择"数值"选项，将小数位数设置为"1"，单击"确定"按钮。

➢ **步骤6**：选中 O3:O102 单元格，按上述同样方式，将小数位数设置为"0"。

✎ 第(3)小题

➢ **步骤1**：选择 M3 单元格，在编辑栏中输入公式"=SUM(D3:L3)"，然后按 Enter 键，完成求和。将光标移动至 M3 单元格的右下角，当光标变成实心黑色十字时，单击鼠标左键，将其拖动至 M102 单元格进行自动填充。

➢ **步骤2**：选择 N3 单元格，在编辑栏中输入公式"=AVERAGE(D3:L3)"，然后按 Enter 键，完成平均值的运算，然后利用自动填充功能，对 N4:N102 单元格进行填充计算。

➢ **步骤3**：选择 O3 单元格，在编辑栏中输入公式"=RANK(M3,M$3:M$102,0)"，按 Enter 键，然后利用自动填充功能对余下的单元格进行填充计算。

➢ **步骤4**：选择 D3:L102 单元格，单击"开始"选项卡下"样式"组中的"条件格式"下拉按钮，选择"突出显示单元格规则"→"小于"选项。弹出"小于"对话框，在该对话框中的文本框中输入文字"60"，然后单击"设置为"右侧的下三角按钮，在弹出的下拉列表中选择"自定义格式"选项。弹出"设置单元格格式"对话框，在该对话框中切换至"字体"选项卡，将"颜色"设置为标准色中的"红色"，切换至"填充"选项卡，将"背景色"设置为标准色中的

"黄色"。单击"确定"按钮,返回到"小于"对话框中,再次单击"确定"按钮。

🖎 第(4)小题

➤ **步骤**：选择 A3 单元格,在编辑栏中输入公式"＝"法律"&TEXT(MID(B3,3,2),"[DBNum1]")&"班""",按 Enter 键完成操作,利用自动填充功能对余下的单元格进行填充计算。由于 MID 函数是取数函数,MID(B3,3,2)从 B3 的第三位开始取数,取两位。TEXT 是将数值转换为按指定数字格式表示的文本,DBNum1 和 DBNum2 是格式函数,数字转中文,DBNum1 表示中文小写,如：一,二,三;而 DBNum2 表示中文大写,如：壹,贰,叁。& 是连接符,所以输出：法律几班。

🖎 第(5)小题

➤ **步骤 1**：选择 A2:O102 单元格,单击"插入"选项卡下"表格"组中的"数据透视表"下拉按钮,在弹出的对话框中选择"数据透视表"选项,在弹出的"创建数据透视表"中选择"新工作表"单选按钮,单击"确定"按钮即可新建一个工作表。

➤ **步骤 2**：双击新建表的工作标签,使其处于可编辑状态,将其重命名为"班级平均分",在标签上右击,在弹出的快捷菜单中选择"工作表标签颜色"选项,在弹出的级联菜单中选择"标准色"中的"红色"。

➤ **步骤 3**：在"数据透视表字段列表"中将"班级"拖曳至"行标签"中,将"法律英语"拖曳至"∑数值"中。

➤ **步骤 4**：在"∑数值"字段中选择"值字段设置"选项,在弹出的对话框中将"计算类型"设置为"平均值"。使用同样的方法将"计算机""现代汉语""宪法""刑法""民法""立法法""法制史""经济法"拖曳至"∑数值"中,并更改计算类型。

➤ **步骤 5**：选中 A3:J8 单元格,进入"设计"选项卡中,单击"数据透视表样式"组中的"其他"下拉三角按钮,在弹出的下拉列表中选择"数据透视表样式中等深浅 16"。

➤ **步骤 6**：确定 A3:J8 单元格处于选择状态,右击,在弹出的快捷菜单中选择"设置单元格格式"选项,在弹出的对话框中选择"数字"选项卡,选择"分类"选项下的"数值"选项,将"小数位数"设置为"1"。切换至"对齐"选项卡,将"水平对齐""垂直对齐"均设置为"居中",单击"确定"按钮。

第(6)小题

> **步骤1**：选择A3:J8单元格,单击"插入"选项卡下"图表"组中的"柱形图"下拉列表按钮,在弹出的下拉列表中选择"二维柱形图"下的"簇状柱形图",即可插入簇状柱形图,适当调整柱形图的位置和大小,使其放置在表格下方的A10:H30区域中。

> **步骤2**：保存并关闭文件。

2.7 案例七：学生考试成绩单

Excel 案例 7

1. 知识点

基础知识点：1-插入工作表、重命名工作表、设置工作表标签颜色、移动工作表位置；5-格式刷、单元格格式设置；7-条件格式；8-设置工作表打印页。

重难点：2-文本数据导入、分列、套用表格格式、复制表格内容(去除外部链接)；3-函数(IF/MOD/MID)、INT、TODAY；4-连接符&、函数VLOOKUP、RANK、IF嵌套；6-函数VLOOKUP、AVERAGE、SUM。

2. 题目要求

期末考试结束了,某中学班主任王老师需要对本班学生的各科考试成绩进行统计分析,并为每个学生制作一份成绩通知单下发给家长。按照下列要求完成该班的成绩统计工作并按原文件名进行保存：

(1) 打开工作簿"学生成绩.xlsx",在最左侧插入一个空白工作表,重命名为"初三学生档案",并将该工作表标签颜色设为"橙色(标准色)"。

(2) 将以制表符分隔的文本文件"学生档案.txt"自A1单元格开始导入到工作表"初三学生档案"中,注意不得改变原始数据的排列顺序。将第1列数据从左到右依次分成"学号"和"姓名"两列显示。最后创建一个名为"档案"、包含数据区域A1:G56、包含标题的表,同时删除外部链接。

(3) 在工作表"初三学生档案"中,利用公式及函数依次输入每个学生的性别"男"或"女"、出生日期"××××年××月××日"和年龄。其中：身份证号的倒数第 2 位用于判断性别，奇数为男性，偶数为女性；身份证号的第 7～14 位代表出生年月日；年龄需要按周岁计算，满 1 年才计 1 岁。最后适当调整工作表的行高和列宽、对齐方式等，以方便阅读。

（4）参考工作表"初三学生档案"，在工作表"语文"中输入与学号对应的"姓名"；按照平时、期中、期末成绩各占 30％、30％、40％的比例计算每个学生的"学期成绩"并填入相应单元格中；按成绩由高到低的顺序统计每个学生的"学期成绩"排名并按"第 n 名"的形式填入"班级名次"列中；填写"期末总评"方法如表 2-1 所示。

表 2-1

语文、数学的学期成绩	其他科目的学期成绩期末总评
≥102	≥90 优秀
≥84	≥75 良好
≥72	≥60 及格
<72	<60 不合格

（5）将工作表"语文"的格式全部应用到其他科目工作表中，包括行高（各行行高均为 22 默认单位）和列宽（各列列宽均为 14 默认单位）。并按上述（4）中的要求依次输入或统计其他科目的"姓名""学期成绩""班级名次"和"期末总评"。

（6）分别将各科的"学期成绩"引入到工作表"期末总成绩"的相应列中，在工作表"期末总成绩"中依次引入姓名、计算各科的平均分、每个学生的总分，并按成绩由高到低的顺序统计每个学生的总分排名、并以 1、2、3、……形式标识名次，最后将所有成绩的数字格式设为数值、保留两位小数。

（7）在工作表"期末总成绩"中分别用红色（标准色）和加粗格式标出各科第 1 名成绩。同时将前 10 名的总分成绩用浅蓝色填充。

（8）调整工作表"期末总成绩"的页面布局以便打印：纸张方向为横向，缩减打印输出使得所有列只占一个页面宽（但不得缩小列宽），水平居中打印在纸上。

3. 解题步骤

✎ 第（1）小题

➤ **步骤 1**：打开文件夹下的"学生成绩.xlsx"文件，单击工作表最右侧的

"插入工作表"按钮,然后双击"工作表标签",将其重命名为"初三学生档案"。在该工作表标签上右击,在弹出的快捷菜单中选择"工作表标签颜色"选项,选择标准色中的"橙色"。

> **步骤 2**:选中"初三学生档案"工作表标签,拖动其到最左侧。

第(2)小题

> **步骤 1**:在"初三学生档案"工作表中,选中 A1 单元格,单击"数据"选项卡下"获取外部数据"组中的"自文本"按钮,弹出"导入文本文件"对话框,在该对话框中选择文件夹下的"学生档案.txt",然后单击"导入"按钮。

> **步骤 2**:在文本导入向导中完成下列要求。

步骤 2.1:将文件原始格式设置为"65001:Unicode (UTF-8)",这样才能识别导入的中文内容,单击"下一步"按钮。

步骤 2.2:选择分隔符号,只勾选"分隔符"列表中的"Tab 键"复选项,然后单击"下一步"按钮。

步骤 2.3:选择具体字段,并设置合适的数据格式:选中"身份证号码"列,然后单击"文本"单选按钮,单击"完成"按钮,在弹出的对话框中保持默认,再单击"确定"按钮。

> **步骤 3**:在 A 列右侧插入一个新列。选中 A 列右侧的相邻列,右击,在弹出的快捷菜单中选择"插入"选项。

> **步骤 4**:选择需要分列的数据列,单击"数据"选项卡下"数据工具"组中的"分列"按钮。

> **步骤 5**:在"文本分列向导"中选择合适的分列方法,并按如下提示进行操作。

步骤 5.1:选择"固定宽度",单击"下一步"按钮。

步骤 5.2:调整分隔线,使分隔线符合大部分数据的分列需要,少部分数据可以在分列完成后进行调整,单击"下一步"按钮。

步骤 5.3:选择列,并设置两列的数据格式为"文本",完成设置后,单击"完成"按钮。

> **步骤 6**:手动调整 A1、B1 单元格分别为学号、姓名。

> **步骤 7**:选中 A1:G56 单元格,单击"开始"选项卡下"样式"组中的"套用表格格式"下拉按钮,选择任意一个表样式,例如:"表样式中等深浅 11"。

> **步骤2**：单击"开始"选项卡下"单元格"组中的"格式"下拉按钮，设置行高为"22"，列宽为"14"。使用同样的方法为其他科目的工作表设置相同的格式，包括行高和列宽。设置完成后单击取消"格式刷"按钮。

> **步骤3**：将"语文"工作表单元格中的公式粘贴到"数学"工作表的对应单元格中，然后利用自动填充功能对其他单元格进行填充。

> **步骤4**：进入"英语"工作表，按照"语文"工作表中的公式计算出"期末总评"外各列的数值。选中H2单元格，在编辑栏中输入公式"＝IF(F2＞＝90,"优秀",IF(F2＞＝75,"良好",IF(F2＞＝60,"及格","不及格")))"，按Enter键完成操作，然后利用自动填充对其他单元格进行填充。

> **步骤5**：将"英语"工作表单元格中的公式粘贴到"物理""化学""生物""政治"工作表中的对应单元格中，然后利用自动填充功能对其他单元格进行填充。

第(6)小题

> **步骤1**：进入到"期末总成绩"工作表中，选择B3单元格，在该单元格中输入公式"＝VLOOKUP(A3,初三学生档案!＄A＄2:＄B＄56,2,0)"，按Enter键完成操作，然后利用自动填充功能将其填充至B46单元格。

> **步骤2**：选择C3单元格，在编辑栏中输入公式"＝VLOOKUP(A3,语文!＄A＄2:＄F＄45,6,0)"，按Enter键完成操作，然后利用自动填充功能将其填充至C46单元格。

同理，按照以下公式进行计算，然后利用自动填充功能填充其他单元格。

"数学"列公式(以D3单元格为例)"＝VLOOKUP(A3,数学!＄A＄2:＄F＄45,6,0)"。

"英语"列公式(以E3单元格为例)"＝VLOOKUP(A3,英语!＄A＄2:＄F＄45,6,0)"。

"物理"列公式(以F3单元格为例)"＝VLOOKUP(A3,物理!＄A＄2:＄F＄45,6,0)"。

"化学"列公式(以G3单元格为例)"＝VLOOKUP(A3,化学!＄A＄2:＄F＄45,6,0)"。

"生物"列公式(以H3单元格为例)"＝VLOOKUP(A3,生物!＄A＄2:

$F$45,6,0）"。

"政治"列公式（以 I3 单元格为例）"＝VLOOKUP(A3,政治!$A$2:$F$45,6,0)"。

"平均分"行公式（以 C47 单元格为例）"＝AVERAGE(C3:C46)"。

"总分"列公式（以 J3 单元格为例）"＝SUM(C3:I3)"。

"总分排名"列公式（以 K3 单元格为例）"＝RANK(J3,$J$3:$J$46,0)"。

> **步骤 3**：选择 C3:J47 单元格，在选择的单元格中右击，在弹出的快捷菜单中选择"设置单元格格式"选项。在弹出的对话框中选择"数字"选项卡，将"分类"设置为"数值"，将小数位数设置为"2"，单击"确定"按钮。

第（7）小题

> **步骤 1**：选择 C3:C46 单元格，单击"开始"选项卡下"样式"组中的"条件格式"按钮，在弹出的下拉列表中选择"项目选取规则"中的"其他规则"，在弹出的对话框中将"选择规则类型"设置为"仅对排名靠前或靠后的数值设置格式"，然后将"编辑规则说明"设置为"前""1"。

> **步骤 2**：单击"格式"按钮，在弹出的对话框中将"字形"设置为"加粗"，将"颜色"设置为标准色中的"红色"，单击两次"确定"按钮。按同样的操作方式标出各科第 1 名成绩。

> **步骤 3**：选择 J3:J46 单元格，单击"开始"选项卡下"样式"组中的"条件格式"按钮，在弹出的下拉列表中选择"项目选取规则"中的"其他规则"，在弹出的对话框中将"选择规则类型"设置为"仅对排名靠前或靠后的数值设置格式"，为以下排名内的值设置为"前""10"，单击"格式"按钮，在弹出的对话框中切换到"填充"选项卡下，选择"黄色"，单击两次"确定"按钮。

第（8）小题

> **步骤 1**：选中任意单元格，按 Ctrl＋A 键选中整张表的数据，单击"页面布局"选项卡下"页面设置"组中的"扩展"按钮，在弹出的对话框中切换至"页边距"选项卡，勾选"居中方式"选项组中的"水平"复选框。

> **步骤 2**：切换至"页面"选项卡，将"方向"设置为"横向"。选择"缩放"选项组下的"调整为"单选按钮，将其设置为"1 页宽""1 页高"，单击"确定"

按钮。

> **步骤 3**：单击"保存"按钮，保存文件。

2.8 案例八：停车场收费分析

Excel 案例 8

1. 知识点

基础知识点：1-文件另存为；2-单元格格式设置；4-设置套用表格格式。

中等难点：5-条件格式。

重难点：3-函数 VLOOKUP、IF、INT/HOUR/MINUTE；6-创建数据透视表。

2. 题目要求

某收费停车场拟将收费标准从原来"不足 30 分钟按 30 分钟收费"调整为"不足 30 分钟的部分不收费"。市场部抽取了 3 月 26 日至 4 月 1 日的停车收费记录进行数据分析，以期掌握该项政策调整后营业额的变化情况。请根据文件夹下"素材.xlsx"中的各种表格，帮助完成此项工作。具体要求如下。

（1）将"素材.xlsx"文件另存为"停车场收费政策调整情况分析.xlsx"，所有的操作基于此文件。

（2）在"停车收费记录"表中，涉及金额的单元格格式均设置为保留 2 位的数值类型。依据"收费标准"表，利用公式将收费标准对应的金额填入"停车收费记录"表中的"收费标准"列；利用出场日期、时间与进场日期、时间的关系，计算"停放时间"列，单元格格式为时间类型的"XX 时 XX 分"。

（3）依据停放时间和收费标准，计算当前收费金额并填入"收费金额"列；计算拟采用的收费政策的预计收费金额并填入"拟收费金额"列；计算拟调整后的收费与当前收费之间的差值并填入"差值"列。

（4）将"停车收费记录"表中的内容套用表格格式"表样式中等深浅14"，并添加汇总行，最后三列"收费金额""拟收费金额"和"差值"汇总值均为求和。

（5）在"收费金额"列中，将单次停车收费达到100元的单元格突出显示为黄底绿色字的货币类型。

（6）新建名为"数据透视分析"的表，在该表中创建3个数据透视表，起始位置分别为A3、A11、A19单元格。第1个透视表的行标签为"车型"，列标签为"进场日期"，求和项为"收费金额"，可以提供当前的每天收费情况；第2个透视表的行标签为"车型"，列标签为"进场日期"，求和项为"拟收费金额"，可以提供调整收费政策后的每天收费情况；第3个透视表行标签为"车型"，列标签为"进场日期"，求和项为"差值"，可以提供收费政策调整后每天的收费变化情况。

3. 解题步骤

👆 第（1）小题

➤ **步骤**：打开文件夹下的"素材.xlsx"文件，单击"文件"选项卡，选择"另存为"。在弹出的对话框中输入文件名"停车场收费政策调整情况分析.xlsx"，单击"保存"按钮。

👆 第（2）小题

➤ **步骤1**：按住Ctrl键，同时选中E、K、L、M列单元格，单击"开始"选项卡下"数字"组中的"扩展"按钮，弹出"设置单元格格式"对话框，在"数字"选项卡的"分类"中选择"数值"，设置小数位数为"2"，单击"确定"按钮。

➤ **步骤2**：选择"停车收费记录"表中的E2单元格，在编辑栏中输入公式"=VLOOKUP(C2,收费标准!A$3:B$5,2,FALSE)"，按Enter键完成运算，利用自动填充功能填充该列其余单元格。

➤ **步骤3**：选中J列单元格，单击"开始"选项卡下"数字"组中的"扩展"按钮，在"分类"中选择"时间"，将"时间"类型设置为"XX时XX分"，单击"确定"按钮。

➤ **步骤4**：选中J2单元格，在编辑栏中输入公式"=IF(I2>G2,I2-G2,I2+24-G2)"，按Enter键完成运算，利用自动填充功能填充该列其余单元格。

👆 第（3）小题

➤ **步骤1**：选中K2单元格，在编辑栏中输入公式"=INT((HOUR(J2)

＊60＋MINUTE(J2))/30＋0.99)＊E2"，按 Enter 键完成运算，利用自动填充功能填充该列其余单元格。

➢**步骤 2**：选中 L2 单元格，在编辑栏中输入公式"＝INT((HOUR(J2)＊60＋MINUTE(J2))/30)＊E2"，按 Enter 键完成运算，利用自动填充功能填充该列其余单元格。

➢**步骤 3**：选中 M2 单元格，在编辑栏中输入公式"＝K2－L2"，按 Enter 键完成运算，利用自动填充功能填充该列其余单元格。

第(4)小题

➢**步骤 1**：选中任意一个数据区域单元格，单击"开始"选项卡下"样式"组中的"套用表格格式"下拉按钮，选择"表样式中等深浅 14"，在弹出的对话框中保持默认设置，单击"确定"按钮。

➢**步骤 2**：在"表格工具"中的"设计"选项卡下，勾选"表格样式选项"组中的"汇总行"复选框。

➢**步骤 3**：选择 K551 单元格，单击"下拉"按钮，选择"求和"。

➢**步骤 4**：按照同样的方法设置 L551 和 M551 单元格。

第(5)小题

➢**步骤 1**：选择 K2:K550 单元格区域，然后切换至"开始"选项卡，单击"样式"组中的"条件格式"下拉按钮，选择"突出显示单元格规则"中的"大于"。在弹出的"大于"对话框中，设置数值为"100"，单击"设置为"右侧的下三角按钮，选择"自定义格式"。

➢**步骤 2**：在弹出的"设置单元格格式"对话框中，切换至"字体"选项卡，设置字体颜色为"绿色"。

➢**步骤 3**：切换至"填充"选项卡，设置背景色为"黄色"。

➢**步骤 4**：切换到"数字"选项卡下，选择"分类"中的"货币"，单击"确定"按钮，关闭对话框。

第(6)小题

➢**步骤 1**：单击工作表最右侧的"插入工作表"按钮，然后双击工作表标签，将其重命名为"数据透视分析"。

➢ **步骤 2**：选中 A3 单元格，切换至"插入"选项卡，单击"表格"组中的"数据透视表"下拉按钮，选择"数据透视表"。在弹出的对话框中选择数据区域为停车收费记录工作表中的 C 列至 M 列数据，单击"确定"按钮。

➢ **步骤 3**：在"数据透视表字段列表"中右击"车型"，在弹出的快捷菜单中选择"添加到行标签"选项；右击"进场日期"，在弹出的快捷菜单中选择"添加到列标签"选项；右击"收费金额"，在弹出的快捷菜单中选择"添加到值"选项。

➢ **步骤 4**：用同样的方法得到第 2 和第 3 个数据透视表。

➢ **步骤 5**：单击"保存"按钮，保存文件。

Excel 案例 9

2.9 案例九：一、二季度销售统计

1. 知识点

基础知识点：1-文件另存为；2-乘法运算、单元格格式设置；5-套用表格格式；7-工作表标签颜色、移动工作表。

中等难点：4-条件格式。

重难点：2/3/4-公式函数 VLOOKUP、SUMIFS、SUM、RANK；6-创建数据透视表。

2. 题目要求

工作簿"Excel. xlsx"是某公司产品前两季度的销售情况，请按下述要求进行统计分析：

（1）打开文件夹下的工作簿"Excel. xlsx"，将其另存为"一二季度销售统计表. xlsx"，后续操作均基于此文件。

（2）参照"产品基本信息表"所列，运用公式或函数分别在工作表"一季度销售情况表""二季度销售情况表"中，填入各型号产品对应的单价，并计算各月销售额填入 F 列中。其中单价和销售额均为数值，保留两位小数，使用千位分隔符（注意：不得改变这两个工作表中的数据顺序）。

（3）在"产品销售汇总表"中，分别计算各型号产品的一、二季度销量、销售额及合计数，填入相应列中。所有销售额均设为数值型，小数位数为 0，使用千位分隔符,右对齐。

（4）在"产品销售汇总表"中,在不改变原有数据顺序的情况下,按一二季度销售总额从高到低给出销售额排名,填入 I 列相应单元格中。将排名前 3 位和后 3 位的产品名次分别用标准红色和标准绿色标出。

（5）为"产品销售汇总表"的数据区域 A1:I21 套用一个表格格式,包含表标题,并取消列标题行的筛选标记。

（6）根据"产品销售汇总表"中的数据,在一个名为"透视分析"的新工作表中创建数据透视表,统计每个产品类别的一、二季度销售及总销售额,透视表自 A3 单元格开始、并按一二季度销售总额从高到低进行排序。结果参见文件"透视表样例.png"。

（7）将"透视分析"工作表标签颜色设为标准绿色,并移动到"产品销售汇总表"的右侧。

3. 解题步骤

✍ 第（1）小题

➤ **步骤**：打开文件夹下的工作簿"Excel.xlsx",单击"文件"选项卡,选择"另存为"。在弹出的"另存为"对话框中,选择存储位置为"文件夹",输入文件名为"一、二季度销售统计表.xlsx",单击"保存"按钮。

✍ 第（2）小题

➤ **步骤 1**：进入"一季度销售情况表",选中 E2 单元格,在编辑栏中输入公式"=VLOOKUP(B2,产品基本信息表!$B$2:$C$21,2,0)",按 Enter 键进行计算。

➤ **步骤 2**：单击"开始"选项卡下"数字"组中的"扩展"按钮,在弹出的对话框中,选择"分类"组中的"数值",设置小数位数为"2",勾选"使用千位分隔符"复选框,单击"确定"按钮。

➤ **步骤 3**：拖动 E2 单元格右下角的填充柄向下填充到 E44 单元格。

➤ **步骤 4**：选中 F2 单元格,在编辑栏中输入公式"=D2*E2",按 Enter 键进行计算。以同样的方法设置数字格式并填充其余单元格。

➤ **步骤 5**：进入"二季度销售情况表",按照步骤 1~4 的方法进行操作。

第（3）小题

➤ **步骤1**：进入"产品销售汇总表"，选中 C2 单元格，在编辑栏中输入公式"=SUMIFS(一季度销售情况表!＄D＄2:＄D＄44,一季度销售情况表!＄B＄2:＄B＄44,B2)"，按 Enter 键进行计算。

➤ **步骤2**：选中 D2 单元格，在编辑栏中输入公式"=SUMIFS(一季度销售情况表!＄F＄2:＄F＄44,一季度销售情况表!＄B＄2:＄B＄44,B2)"，按 Enter 键进行计算。

➤ **步骤3**：选中 E2 单元格，在编辑栏中输入公式"=SUMIFS('二季度销售情况表'!＄D＄2:＄D＄43,'二季度销售情况表'!＄B＄2:＄B＄43,B2)"，按 Enter 键进行计算。

➤ **步骤4**：选中 F2 单元格，在编辑栏中输入公式"=SUMIFS('二季度销售情况表'!＄F＄2:＄F＄43,'二季度销售情况表'!＄B＄2:＄B＄43,B2)"，按 Enter 键进行计算。

➤ **步骤5**：选中 G2 单元格，在编辑栏中输入公式"=SUM(C2,E2)"，按 Enter 键进行计算。

➤ **步骤6**：选中 H2 单元格，在编辑栏中输入公式"=SUM(D2,F2)"，按 Enter 键进行计算。

➤ **步骤7**：按住 Ctrl 键，同时选中 D、F、H 列，单击"数字"组中的"扩展"按钮。在"数字"选项卡下的"分类"组中选择"数值"，设置小数位数为"0"，勾选"使用千位分隔符"复选框。切换至"对齐"选项卡下，设置"水平对齐"为"靠右（缩进）"，单击"确定"按钮。

➤ **步骤8**：拖动单元格右下角的填充柄可向下填充其他单元格。

第（4）小题

➤ **步骤1**：选中 I2 单元格，在编辑栏中输入公式"=RANK(H2,＄H＄2:＄H＄21)"，按 Enter 键进行计算，向下拖动单元格右下角的填充柄可填充至 I21 单元格。

➤ **步骤2**：选中 I2:I21 单元格，单击"开始"选项卡下"样式"组中的"条件格式"下拉按钮，选择"突出显示单元格规则"中的"小于"。在左侧文本框中输入"4"，单击"设置为"下拉按钮，选择"自定义格式"。

➤ **步骤3**：在弹出的对话框中，单击"字体"选项卡下的"颜色"下拉按钮,选择标准色中的"红色",单击"确定"按钮。回到"小于"对话框,再次单击"确定"按钮。

> **步骤4**：按照同样的方法,将排名后3位的产品名次用标准绿色标出。

第(5)小题

> **步骤1**：选中 A1:I21 单元格,单击"样式"组中的"套用表格格式"下拉按钮,选择任意一个表样式。在弹出的对话框中勾选"表包含标题"复选框,单击"确定"按钮。

> **步骤2**：切换至"数据"选项卡,单击"排序和筛选"组中的"筛选"按钮取消筛选。

第(6)小题

> **步骤1**：切换至"插入"选项卡,单击"表格"组中的"数据透视表"下拉按钮,选择"数据透视表",在弹出的对话框中单击"确定"按钮。

> **步骤2**：在"数据透视表字段列表"中勾选"产品类别代码""一季度销售额""二季度销售额""一二季度销售总额"复选框。

> **步骤3**：在左侧的数据透视表中,单击 A3 单元格的下拉按钮,选择"其他排序选项"。在弹出的对话框中选中"降序排序(Z到A)依据"单选按钮,在下拉列表框中选择"求和项:一、二季度销售总额",单击"确定"按钮。

> **步骤4**：在 A3 单元格的编辑栏中输入"产品类别",在 B3 单元格的编辑栏中输入"第一季度销售额",在 C3 单元格的编辑栏中输入"第二季度销售额",在 D3 单元格的编辑栏中输入"两个季度销售总额"。

> **步骤5**：选中 B4:D7 单元格,设置数字格式为"数值",小数位数为"0",使用"千位分隔符"。

> **步骤6**：双击数据透视图所在的 Sheet1 工作表标签,输入"透视分析"。

第(7)小题

> **步骤1**：右击"透视分析"工作表标签,在"工作表标签颜色"中选择"绿色"。

> **步骤2**：拖动工作表标签,使其移动到"产品销售汇总表"的右侧。

> **步骤 3**：单击"保存"按钮，保存文件。

2.10 案例十：竞赛得分统计分析

Excel 案例 10

1. 知识点

基础知识点：1-文件另存为；2-单元格格式；4-套用表格格式。

中等难点：3-表的转置；4-条件格式。

重难点：2-函数 COUNTIFS、SUM、SUMIFS、MAX/MIN/IF 数组函数、average/if 数组函数。

2. 题目要求

某中学进行了一次生物知识竞赛，并生成了所有考生和每一个题目的得分。请根据文件夹下"素材.xlsx"中的已有数据，统计分析各学校及班级的考试情况。具体要求如下：

（1）将"素材.xlsx"另存为"实验中学生物竞赛情况分析.xlsx"文件，后续操作均基于此文件。

（2）利用"成绩单""小分统计"和"分值表"工作表中的数据，完成"按班级汇总"和"按学校汇总"工作表中相应空白列的数值计算，具体提示如下。

① "考试学生数"列必须利用公式计算，"平均分"列由"成绩单"工作表数据计算得出。

② "分值表"工作表中给出了本次考试各题的类型及分值。备注：本次考试一共 50 道题，其中 1～10 题为选择题，11～20 题为填空题，21～30 题为分析判断题，31～40 题为问答题，41～50 题为应用题。

③ "小分统计"工作表中包含了各班级每一道小题的平均得分，通过其可计算出各班级的"选择题平均分""填空题平均分""分析判断题平均分""问答题平均分"和"应用题平均分"。备注：由于系统生成每题平均得分时已经进行了四舍五入操作，因此通过其计算各题型平均分之和时，可能与根据"成绩单"工作表的计算结果存在一定误差。

④ 利用公式计算"按学校汇总"工作表中的"选择题平均分""填空题平均分""分析判断题平均分""问答题平均分"和"应用题平均分"，计算方法

为：每个学校的所有班级相应平均分乘以对应班级人数，相加后再除以该校的总考生数。

⑤ 计算"按学校汇总"工作表中的每题得分率，即每个学校所有学生在该题上的得分之和除以该校总考生数，再除以该题的分值。

⑥ 所有工作表中"考试学生数""最高分""最低分"显示为整数；各类平均分显示为数值格式，并保留 2 位小数；各题得分率显示为百分比数据格式，并保留 2 位小数。

（3）新建"按学校汇总 2"工作表，将"按学校汇总"工作表中所有单元格数值转置复制到新工作表中。

（4）将"按学校汇总 2"工作表中的内容套用表格样式为"表样式中等深浅 12"；将得分率低于 80% 的单元格标记为"浅红填充色深红色文本"格式，将 80%～90% 的单元格标记为"黄填充色深黄色文本"格式。

3. 解题步骤

✎ 第(1)小题

➤ **步骤**：在文件夹下打开"素材. xlsx"文件，单击"文件"选项卡，选择"另存为"。在弹出的对话框中输入文件名"实验中学生物竞赛情况分析. xlsx"，单击"保存"按钮。

✎ 第(2)小题

➤ **步骤 1**：进入"按班级汇总"工作表，选中 C2 单元格，在编辑栏中输入公式"＝COUNTIFS(成绩单！＄A＄2：＄A＄950,A2,成绩单！＄B＄2：＄B＄950,B2)"，按 Enter 键进行计算，向下拖动自动填充柄，填充至 C33 单元格。

➤ **步骤 2**：选中 D2 单元格，在编辑栏中输入公式"＝max(if((成绩单！＄A＄2：＄A＄950＝A2)＊(成绩单！＄B＄2：＄B＄950＝B2),(成绩单！＄D＄2：＄D＄950)))"，该公式为数组公式，按 Ctrl＋Shift＋Enter 键进行计算。向下拖动自动填充柄，填充至 D33 单元格。

➤ **步骤 3**：选中 E2 单元格，在编辑栏中输入公式"＝min(if((成绩单！＄A＄2：＄A＄950＝A2)＊(成绩单！＄B＄2：＄B＄950＝B2),(成绩单！＄D＄2：＄D＄950)))"，按 Ctrl＋Shift＋Enter 键进行计算。向下拖动自动填充柄，

填充至 E33 单元格。

➤ **步骤 4**：选中 F2 单元格，在编辑栏中输入公式"=average(if((成绩单!＄A＄2:＄A＄950=A2)＊(成绩单!＄B＄2:＄B＄950=B2),(成绩单!＄D＄2:＄D＄950)))"，按 Ctrl+Shift+Enter 键进行计算。向下拖动自动填充柄，填充至 F33 单元格。

➤ **步骤 5**：选中 G2 单元格，在编辑栏中输入公式"=SUM(小分统计!C2:L2)"，按 Enter 键进行计算。向下拖动自动填充柄，填充至 G33 单元格。

➤ **步骤 6**：选中 H2 单元格，在编辑栏中输入公式"=SUM(小分统计!M2:V2)"，按 Enter 键进行计算。向下拖动自动填充柄，填充至 H33 单元格。

➤ **步骤 7**：选中 I2 单元格，在编辑栏中输入公式"=SUM(小分统计!W2:AF2)"，按 Enter 键进行计算。向下拖动自动填充柄，填充至 H33 单元格。

➤ **步骤 8**：选中 J2 单元格，在编辑栏中输入公式"=SUM(小分统计!AG2:AP2)"，按 Enter 键进行计算。向下拖动自动填充柄，填充至 H33 单元格。

➤ **步骤 9**：选中 K2 单元格，在编辑栏中输入公式"=SUM(小分统计!AQ2:AZ2)"，按 Enter 键进行计算。向下拖动自动填充柄，填充至 H33 单元格。

➤ **步骤 10**：选中 F2:K33 单元格，单击"开始"选项卡下"数字"组中的"扩展"按钮，在"分类"中选择"数值"，设置小数位数为"2"，单击"确定"按钮。

➤ **步骤 11**：进入"按学校汇总"工作表，选中 B2 单元格，在编辑栏中输入公式"=SUMIFS(按班级汇总!＄C＄2:＄C＄33,按班级汇总!＄A＄2:＄A＄33,A2)"，按 Enter 键进行计算。向下拖动自动填充柄，填充至 B5 单元格。

➤ **步骤 12**：选中 C2 单元格，在编辑栏中输入公式"=max(if((按班级汇总!＄A＄2:＄A＄33=A2),(按班级汇总!＄D＄2:＄D＄33)))"，按 Ctrl+Shift+Enter 键进行计算。向下拖动自动填充柄，填充至 C5 单元格。

➤ **步骤 13**：选中 D2 单元格，在编辑栏中输入公式"=min(if((按班级汇总！＄A＄2：＄A＄33＝A2），（按班级汇总！＄E＄2：＄E＄33）））"，按 Ctrl＋Shift＋Enter 键进行计算。向下拖动自动填充柄,填充至 D5 单元格。

> **步骤 14**：选中 E2 单元格,在编辑栏中输入公式"＝average(if((按班级汇总！＄A＄2：＄A＄33＝A2），（按班级汇总！＄F＄2：＄F＄33）))"，按 Ctrl＋Shift＋Enter 键进行计算。向下拖动自动填充柄,填充至 E5 单元格。

> **步骤 15**：选中 F2 单元格,在编辑栏中输入公式"＝SUM((按班级汇总！＄A＄2：＄A＄33＝A2）＊（按班级汇总！＄C＄2：＄C＄33）＊（按班级汇总！＄G＄2：＄G＄33)）/B2"，按 Ctrl＋Shift＋Enter 键进行计算。向下拖动自动填充柄,填充至 F5 单元格。

> **步骤 16**：选中 G2 单元格,在编辑栏中输入公式"＝SUM((按班级汇总！＄A＄2：＄A＄33＝A2）＊（按班级汇总！＄C＄2：＄C＄33）＊（按班级汇总！＄H＄2：＄H＄33)）/B2"，按 Ctrl＋Shift＋Enter 键进行计算。向下拖动自动填充柄,填充至 G5 单元格。

> **步骤 17**：选中 H2 单元格,在编辑栏中输入公式"＝SUM((按班级汇总！＄A＄2：＄A＄33＝A2）＊（按班级汇总！＄C＄2：＄C＄33）＊（按班级汇总！＄I＄2：＄I＄33)）/B2"，按 Ctrl＋Shift＋Enter 键进行计算。向下拖动自动填充柄,填充至 G5 单元格。

> **步骤 18**：选中 I2 单元格,在编辑栏中输入公式"＝SUM((按班级汇总！＄A＄2：＄A＄33＝A2）＊（按班级汇总！＄C＄2：＄C＄33）＊（按班级汇总！＄J＄2：＄J＄33)）/B2"，按 Ctrl＋Shift＋Enter 键进行计算。向下拖动自动填充柄,填充至 G5 单元格。

> **步骤 19**：选中 J2 单元格,在编辑栏中输入公式"＝SUM((按班级汇总！＄A＄2：＄A＄33＝A2）＊（按班级汇总！＄C＄2：＄C＄33）＊（按班级汇总！＄K＄2：＄K＄33)）/B2"，按 Ctrl＋Shift＋Enter 键进行计算。向下拖动自动填充柄,填充至 G5 单元格。

> **步骤 20**：选中 E2：J5 单元格,单击"开始"选项卡下"数字"组中的"扩展"按钮,在"分类"中选择"数值",设置小数位数为"2",单击"确定"按钮。

> **步骤 21**：选中 K2 单元格,在编辑栏中输入公式"＝SUM((按班级汇总！＄A＄2：＄A＄33＝＄A＄2）＊（小分统计!C＄2：C＄33）＊（按班级汇总！＄C＄2：＄C＄33)）/(＄B＄2＊分值表!B＄3)"，按 Ctrl＋Shift＋Enter 键进行计算。

➢ **步骤 22**：选中 K3 单元格，在编辑栏中输入公式"＝SUM（（按班级汇总!＄A＄2:＄A＄33＝＄A＄3)＊（小分统计!C＄2:C＄33)＊（按班级汇总!＄C＄2:＄C＄33))/(＄B＄3＊分值表!B＄3)"，按 Ctrl＋Shift＋Enter 键进行计算。

➢ **步骤 23**：选中 K4 单元格，在编辑栏中输入公式"＝SUM（（按班级汇总!＄A＄2:＄A＄33＝＄A＄4)＊（小分统计!C＄2:C＄33)＊（按班级汇总!＄C＄2:＄C＄33))/(＄B＄4＊分值表!B＄3)"，按 Ctrl＋Shift＋Enter 键进行计算。

➢ **步骤 24**：选中 K5 单元格，在编辑栏中输入公式"＝SUM（（按班级汇总!＄A＄2:＄A＄33＝＄A＄5)＊（小分统计!C＄2:C＄33)＊（按班级汇总!＄C＄2:＄C＄33))/(＄B＄5＊分值表!B＄3)"，按 Ctrl＋Shift＋Enter 键进行计算。

➢ **步骤 25**：选中 K2:K5 单元格，单击"数字"组中的"扩展"按钮，在"分类"中选择"百分比"，设置小数位数为"2"，单击"确定"按钮。

➢ **步骤 26**：保持 K2:K5 单元格被选中的状态，向右拖动自动填充柄，填充其余单元格。

第（3）小题

➢ **步骤 1**：在"按学校汇总"工作表中，选中 A1:BH5 单元格，右击，在弹出的快捷菜单中选择"复制"选项。

➢ **步骤 2**：单击工作表标签最右侧的"插入工作表"，右击 A1 单元格，在"粘贴选项"中选择"选择性粘贴"。

➢ **步骤 3**：在弹出的对话框中选中"格式"单选按钮，勾选"转置"复选框，单击"确定"按钮。

➢ **步骤 4**：再次右击 A1 单元格，在"粘贴选项"中选择"选择性粘贴"。在弹出的对话框中选中"数值"，勾选"转置"复选框，单击"确定"按钮。

➢ **步骤 5**：双击 Sheet1 工作表标签，输入"按学校汇总 2"。

第（4）小题

➢ **步骤 1**：选中 A1:E60 单元格，单击"开始"选项卡下"样式"组中的"套用表格格式"下拉按钮，选择"表样式中等深浅 13"，在弹出的对话框中单击

"确定"按钮。

➤ **步骤2**：选中 B11:E60 单元格,单击"样式"组中的"条件格式"下拉按钮,选择"突出显示单元格规则"中的"小于"。弹出"小于"对话框,在文本框中输入"80.00％",单击"确定"按钮。

➤ **步骤3**：单击"样式"组中的"条件格式"下拉按钮,选择"突出显示单元格规则"中的"介于"。弹出"介于"对话框,在文本框中分别输入"80.00％"和"90.00％",单击"设置为"下拉按钮,选择"黄填充色深黄色文本",单击"确定"按钮。

➤ **步骤4**：单击"保存"按钮,保存文件。

2.11 案例十一：家电销量汇总分析

Excel 案例 11

1. 知识点

基础知识点：1-文件另存为；3-设置单元格格式；4-设置单元格格式。

中等难点：2-文本数据导入；7-条件格式；9-高级筛选。

重难点：5-VLOOKUP；6-SUMPRODUCT/LOOKUP/CHOOSE/MATCH 函数嵌套；8-数据透视表、数据透视图(数据标记的折线图)。

2. 题目要求

某家用电器集团需要对 2020 年度不同产品的销售情况进行汇总和分析,为制订下一年度的生产与营销计划,需要提供参考信息。请根据下列要求,运用已有的原始数据完成上述分析工作。

(1) 在文件夹下,将文件"Excel 素材. xlsx"另存为"Excel. xlsx"("xlsx"为扩展名),之后所有的操作均基于此文档。

(2) 在 Sheet1 工作表中,从 B3 单元格开始,导入"数据源. txt"中的数据,并将工作表名称修改为"销售记录"。

(3) 在"销售记录"工作表的 A3 单元格中输入文字"序号",从 A4 单元格开始,为每笔销售记录插入"001、002、003……"格式的序号；将 B 列(日期)中数据的数字格式修改为只包含月和日的格式(3/14)；在 E3 和 F3 单元格中,分别输入文字"价格"和"金额"；对标题行区域 A3:F3 应用单元格的上框线和下框线，对数据区域的最后一行 A888:F888 应用单元格的下框线；其他单元格无边框线；不显示工作表的网格线。

（4）在"销售记录"工作表的 A1 单元格中输入文字"2020 年销售数据"，使其显示在 A1:F1 单元格区域的正中间（注意：不要合并上述单元格区域）；将"标题"单元格样式的字体修改为"微软雅黑"，并应用于 A1 单元格中的文字内容；隐藏第 2 行。

（5）在"销售记录"工作表的 E4:E888 中，应用函数输入 C 列（类型）所对应的产品价格，价格信息可以在"价格表"工作表中进行查询；然后将填入的产品价格设为货币格式，并保留零位小数。

（6）在"销售记录"工作表的 F4:F888 中，计算每笔订单记录的金额，并应用货币格式，保留零位小数，计算规则为：金额＝价格×数量×（1－折扣百分比），折扣百分比由订单中的订货数量和产品类型决定，可以在"折扣表"工作表中进行查询，例如某个订单中冰箱的订货量为 1510，则折扣百分比为 2%（提示：为便于计算，可对"折扣表"工作表中表格的结构进行调整）。

（7）将"销售记录"工作表的单元格区域 A3:F888 中所有记录居中对齐，并将发生在周六或周日的销售记录的单元格的填充颜色设为橙色。

（8）在名为"销售量汇总"的新工作表中自 A3 单元格开始创建数据透视表，按照月份和季度对"销售记录"工作表中的三种产品的销售数量进行汇总；在数据透视表右侧创建数据透视图，图表类型为"带数据标记的折线图"，并为"空调"系列添加线性趋势线，显示"公式"和"R2 值"（数据透视表和数据透视图的样式可参考文件夹中的"数据透视表和数据透视图.png"示例文件）；将"销售量汇总"工作表移动到"销售记录"工作表的右侧。

（9）在"销售量汇总"工作表右侧创建一个新的工作表，名称为"大额订单"；在这个工作表中使用高级筛选功能，筛选出"销售记录"工作表中冰箱数量在 1550 以上、空调数量在 1900 以上以及洗衣机数量在 1500 以上的记录（请将条件区域放置在 1～4 行，筛选结果放置在从 A6 单元格开始的区域）。

3. 解题步骤

✎ 第（1）小题

➤ **步骤**：在文件夹下打开"素材.xlsx"文件，单击"文件"选项卡，选择"另存为"。在弹出的对话框中输入文件名"Excel.xlsx"，单击"保存"按钮。

👆 第(2)小题

➤ **步骤 1**：选中 Sheet1 工作表，选中 B3 单元格，单击"数据"选项卡下"获取外部数据"组中的"自文本"按钮，弹出"导入文本文件"对话框，在该对话框中选择文件夹下的"数据源.txt"，然后单击"导入"按钮。

➤ **步骤 2**：在文本导入向导中完成下列步骤。

步骤 2.1：选择分隔符号，单击"下一步"按钮；

步骤 2.2：只勾选"分隔符"列表中的"Tab 键"复选项，然后单击"下一步"按钮；

步骤 2.3：单击"完成"按钮，在"导入数据"对话框中直接单击"确定"按钮。

➤ **步骤 3**：双击 Sheet1 工作表名，修改为"销售记录"。

👆 第(3)小题

➤ **步骤 1**：选中 A3 单元格，输入序号。

➤ **步骤 2**：选中 A 列，单击"开始"选项卡下"数字"组中的"数字格式"下拉按钮，选择"文本"。

➤ **步骤 3**：在 A4 单元格中输入"001"，鼠标放在 A4 单元格右下角，变成十字光标时，双击"填充"。

➤ **步骤 4**：选中 B 列，单击"开始"选项卡下"数字"组中的"扩展"按钮，在"数字"选项卡下，分类选择"日期"，类型选择"3/14"，单击"确定"按钮。

➤ **步骤 5**：在 E3 单元格输入"价格"，F3 单元格输入"金额"。

➤ **步骤 6**：选中 A3:F3 单元格，单击"开始"选项卡下"字体"组中的"扩展"按钮，切换到边框选项卡，在边框中选中上边框和下边框，单击"确定"按钮。

➤ **步骤 7**：取消勾选"视图"选项卡下"显示"组中的网格线复选框。

👆 第(4)小题

➤ **步骤 1**：选中 A1 单元格，输入"2020 年销售数据"。

➤ **步骤 2**：选中 A1:F1 单元格，单击"开始"选项卡下"对齐方式"组中的"扩展"按钮，水平对齐方式选择"跨列居中"，单击"确定"按钮。

➤ **步骤 3**：单击"开始"选项卡下"样式"组中的"单元格样式"按钮，右击标题下的"标题样式"，在弹出的快捷菜单中选择"修改"选项，单击"格式"按钮，在设置单元格格式对话框中设置字体为"微软雅黑"，单击"确定"按钮，再单击"确定"按钮。

➤ **步骤 4**：选中 A1 单元格，单击"开始"选项卡下"样式"组中的"单元格样式"按钮，单击标题下的标题样式。

➤ **步骤 5**：选中第二行，右击，在弹出的快捷菜单中选择"隐藏"选项。

第(5)小题

➤ **步骤 1**：选择 E4 单元格，在编辑栏中输入公式"＝VLOOKUP(C4,价格表!＄B＄2:＄C＄5,2,0)"，按 Enter 键完成操作。然后利用自动的填充功能对其他单元格进行填充。

➤ **步骤 2**：选中 E4:E888，单击"开始"选项卡下"数字"组中的"扩展"按钮，在"数字"选项卡下，分类选择"货币"，小数位置调整为"0"，单击"确定"按钮。

第(6)小题

➤ **步骤 1**：选择 F4 单元格，在编辑栏中输入公式"＝SUMPRODUCT(D4,E4,1－(LOOKUP(D4,CHOOSE(MATCH(C4,{"冰箱","空调","洗衣机"},),{0,"0％";1000,"1％";1500,"2％";2000,"3％"},{0,"0％";1000,"2％";1500,"3％";2000,"4％"},{0,"0％";1000,"3％";1500,"4％";2000,"5％"})))))"，按 Enter 键完成操作，然后利用自动填充对其他单元格进行填充。

➤ **步骤 2**：选中 F4:F888，单击"开始"选项卡下"数字"组中的"扩展"按钮，在"数字"选项卡下，分类选择"货币"，小数位置调整为"0"，单击"确定"按钮。

➤ **步骤 3**：选中 A888:F888 单元格，单击"开始"选项卡下"字体"组中的"扩展"按钮，切换到"边框"选项卡，在边框中选中"下边框"，单击"确定"按钮。

第(7)小题

➤ **步骤 1**：选中 A3:F888 单元格，单击"开始"选项卡下"对齐方式"组中的"居中"按钮。

➢ **步骤2**：选中 A3∶F888 单元格,单击"开始"选项卡下"样式"组中的"条件格式"下拉按钮,选择"新建规则",选择"使用公式确定要设置格式的单元格",在 编 辑 规 则 说 明 中 输 入 "＝OR(WEEKDAY($B4)＝1,WEEKDAY($B4)＝7)",单击"格式"按钮,在设置"单元格格式"中选择"填充"下的"橙色",单击"确定"按钮,再单击"确定"按钮。

📖 第(8)小题

➢ **步骤1**：选中 A3 单元格,单击"插入"选项卡下"表格"组中的数据透视表,在弹出的对话框中直接单击"确定"按钮。

➢ **步骤2**：在数据透视表字段列表中,日期拖动到行标签,类型拖动到列标签,数量拖动到数值区域。

➢ **步骤3**：右击 A5 单元格,在弹出的快捷菜单中选择"创建组"选项,在步长中选择"月"和"季度",单击"确定"按钮。

➢ **步骤4**：双击 Sheet1 的工作表名,修改为"销售量汇总",然后拖动工作表到销售记录后面。

➢ **步骤5**：选中 A6 单元格,单击"插入"选项卡下"图表"组中的"折线图"下拉按钮,选择"带数据标记的折线图"。

➢ **步骤6**：选中空调系列,右击,选择"添加趋势线",选择"线性",勾选"显示公式"和"显示 R 平方值",单击"关闭"按钮。

➢ **步骤7**：单击"布局"选项卡下"标签"组中的"图例"按钮,选择"在底部显示图例"。

➢ **步骤8**：单击"布局"选项卡下"坐标轴"组中的"网格线"下拉按钮,选择"主要横网格线"中的"无"。

➢ **步骤9**：右击"垂直轴",选择设置"坐标轴格式",设置最小值"固定值20000.0",最大值"固定值50000.0",主要刻度单位"固定值10000.0",单击"关闭"按钮。

➢ **步骤10**：手动调整公式的位置和数据透视图的大小。

📖 第(9)小题

➢ **步骤1**：右击价格表工作表标签,在弹出的快捷菜单中选择"插入"选项,单击"确定"按钮,双击 Sheet2 的工作表名,修改为"大额订单"。

➢ **步骤 2**：在 A1：B4 单元格分别输入"类型""数量""冰箱""＞1550""空调""＞1900""洗衣机""＞1500"。

➢ **步骤 3**：选中 A6 单元格，单击"数据"选项卡下"排序和筛选"组中的"高级"按钮，方式设置为"将筛选结果复制到其他位置"，列表区域设置为"销售记录！＄A＄3：＄F＄888"，条件区域设置为"大额订单！＄A＄1：＄B＄4"，复制到设置为"大额订单！＄A＄6"，单击"确定"按钮，调整金额列列宽以适应数据的显示。

➢ **步骤 4**：保存并关闭文件。

Excel 案例 12

2.12　案例十二：工资条的制作

1．知识点

基础知识点：1-文件另存为；2-插入工作表、重命名工作表、设置工作表标签颜色；3-设置单元格格式、套用表格格式、表名称设置；8-单元格格式设置；9-页面设置。

中等难点：3-导入文本文件、分列；8-排序和筛查。

重难点：4-函数 IF/MOD/MID、TEXT/MID、INT、IF 嵌套；5-函数 VLOOKUP；6-IF 嵌套；7-函数 VLOOKUP。

2．题目要求

某公司每年年终给在职员工发放年终奖金，公司财务部需计算工资奖金的个人所得税并为每位员工制作工资条。按照下列要求完成工资奖金的计算以及工资条的制作。

（1）在文件夹下，将"素材．xlsx"文件另存为"Excel．xlsx"，后续操作均基于此文件。

（2）在最左侧插入一个空白工作表，重命名为"员工基础档案"，并将该工作表标签颜色设为标准紫色。

（3）将以分隔符分隔的文本文件"员工档案．csv"自 A1 单元格开始导入到工作表"员工基础档案"中。将第 1 列数据从左到右依次分成"工号"和"姓名"两列显示；将工资列的数字格式设为不带货币符号的会计专用、适当调整行高列宽；最后创建一个名为"档案"、包含数据区域 A1：N102、包含标题的表，同时删除外部链接。

（4）在工作表"员工基础档案"中，利用公式及函数依次输入每个员工的性别"男"或"女"，出生日期"xxxx 年 xx 月 xx 日"，每位员工截至 2021 年 7 月 31 日的年龄、工龄工资、基本月工资。其中：

① 身份证号的倒数第 2 位用于判断性别，奇数为男性，偶数为女性；

② 身份证号的第 7～14 位代表出生年月日；

③ 年龄需要按周岁计算，满 1 年才计 1 岁，每月按 30 天、一年按 360 天计算；

④ 月工龄工资的计算方法：本公司工龄达到或超过 30 年的每满一年每月增加 50 元、不足 10 年的每满一年每月增加 20 元、工龄不满 1 年的没有工龄工资，其他为每满一年每月增加 30 元；

⑤ 基本月工资＝签约月工资＋月工龄工资。

（5）参照工作表"员工基础档案"中的信息，在工作表"年终奖金"中输入与工号对应的员工姓名、部门、月基本工资；按照年基本工资总额的 15％计算每个员工的年终应发奖金。

（6）在工作表"年终奖金"中，根据工作表"个人所得税税率"中的对应关系计算每个员工年终奖金应交的个人所得税、实发奖金，并填入 G 列和 H 列。年终奖金目前的计税方法如下。

① 年终奖金的月应税所得额＝全部年终奖金/12。

② 根据步骤①计算得出的月应税所得额在个人所得税税率表中找到对应的税率。

③ 年终奖金应交个税＝全部年终奖金×月应税所得额的对应税率－对应速算扣除数。

④ 实发奖金＝应发奖金－应交个税。

（7）根据工作表"年终奖金"中的数据，在"12 月工资表"中依次输入每个员工的"应发年终奖金""奖金个税"，并计算员工的"实发工资奖金"总额（实发工资奖金＝应发工资奖金合计－扣除社保－工资个税－奖金个税）。

（8）基于工作表"12 月工资表"中的数据，从工作表"工资条"的 A2 单元格开始依次为每位员工生成样例所示的工资条，要求每张工资条占用两行、内外均加框线，第 1 行为工号、姓名、部门等列标题，第 2 行为相应工资奖金及个税金额,两张工资条之间空一行以便裁剪、该空行行高统一设为40默认单位,自动调整列宽到最合适大小,字号不得小于10磅。

（9）调整工作表"工资条"的页面布局以备打印：纸张方向为横向,缩减打印输出使得所有列只占一个页面宽（但不得改变页边距）,水平居中打印在纸上。

3. 解题步骤

📝 第（1）小题

➤ **步骤**：在文件夹下打开"素材.xlsx"文件,单击"文件"选项卡,选择"另存为"。在弹出的对话框中输入文件名"Excel.xlsx",单击"保存"按钮。

📝 第（2）小题

➤ **步骤1**：选中"年终奖金"工作表,右击,在弹出的快捷菜单中选择"插入"→"工作表"选项,单击"确定"按钮。

➤ **步骤2**：选中Sheet1工作表,右击,在弹出的快捷菜单中选择"重命名"选项,输入工作表名："员工基础档案",按Enter键完成修改,右击"员工基础档案"工作表,在弹出的快捷菜单中选择"工作表标签颜色"→"标准色紫色"选项。

📝 第（3）小题

➤ **步骤1**：选中A1单元格,单击"数据"选项卡下"获取外部数据"组中的"自文本"按钮,弹出"导入文本文件"对话框,在该对话框中选择文件夹下的"员工档案.csv",然后单击"导入"按钮。

➤ **步骤2**：在文本导入向导中完成以下步骤。

步骤2.1：选择"分隔符号",将文件原始格式设置为"Windows（ANSI）",这样才能识别导入的中文内容,单击"下一步"按钮。

步骤2.2：只勾选"分隔符"列表中的"逗号"复选项,然后单击"下一步"按钮。

步骤2.3：选择具体字段,并设置合适的数据格式。选中"身份证号码"列,然后单击"文本"单选按钮,选中"出生日期"列,单击"日期"单选按钮,单击"完成"按钮,在弹出的对话框中保持默认,再单击"确定"按钮。

➢ **步骤 3**：首先在 A 列右侧插入一个新列。选中 A 列右侧的相邻列，右击，在弹出的快捷菜单中选择"插入"选项。

➢ **步骤 4**：选择 A 列，单击"数据"选项卡下"数据工具"组中的"分列"按钮。

➢ **步骤 5**：在"文本分列向导"中选择合适的分列方法，并按提示进行操作。

步骤 5.1：选择"固定宽度"，单击"下一步"；

步骤 5.2：调整分隔线，使分隔线符合大部分数据的分列需要，少部分数据可以在分列完成后进行调整，单击"完成"按钮。

➢ **步骤 6**：手动调整 A1、A2 单元格分别为"工号""姓名"。

➢ **步骤 7**：选中 L:N 列，单击"开始"选项卡下"数字"组中的"扩展"按钮，数字分类选择"会计专用"，货币符号设置为"无"，单击"确定"按钮。

➢ **步骤 8**：适当调整表格的行高和列宽，无具体要求，以显示整个单元格为标准。

➢ **步骤 9**：选中 A1:N102 单元格，单击"开始"选项卡下"样式"组中的"套用表格格式"下拉按钮，选择任意一个表样式，例如"表样式中等深浅11"。

➢ **步骤 10**：在弹出的对话框中勾选"表包含标题"复选框，单击"确定"按钮，然后再在弹出的对话框中选择"是"按钮。在"设计"选项卡下"属性"组中将"表名称"设置为"档案"。

第(4)小题

➢ **步骤 1**：选中 F2 单元格，在编辑栏中输入公式"＝IF(MOD(MID(E2,17,1),2),"男","女")"，按 Enter 键完成操作。然后利用自动的填充功能对其他单元格进行填充。

➢ **步骤 2**：选中 G2 单元格，在编辑栏中输入公式"＝TEXT(MID(E2,7,8),"00 年 00 月 00 日")"，按 Enter 键完成操作，利用自动填充功能对剩余的单元格进行填充。

➢ **步骤 3**：选中 H2 单元格，在编辑栏中输入公式"＝INT(("2021-7-31"－G2)/360)"，按 Enter 键，利用自动的填充功能对其他单元格进行填充。

➢ **步骤 4**：选中 M2 单元格，在编辑栏中输入公式"＝IF(K2≥30,(K2－

30)＊50＋1500,IF(K2＞＝10,(K2－10)＊30＋300,IF(K2＞＝1,K2＊20,
0)))"，按 Enter 键,利用自动的填充功能对其他单元格进行填充。

➢ **步骤 5**：选中 N2 单元格,在编辑栏中输入公式"＝L2＋M2",按 Enter
键,利用自动的填充功能对其他单元格进行填充。

第(5)小题

➢ **步骤 1**：进入"年终奖金"工作表中,选择 B4 单元格,在编辑栏中输入
公式"＝VLOOKUP(A4,员工基础档案!＄A＄1:＄N＄102,2,0)",按 Enter
键完成操作。然后利用自动填充功能对其他单元格进行填充。

➢ **步骤 2**：选择 C4 单元格,在编辑栏中输入公式"＝VLOOKUP(A4,
员工基础档案!＄A＄1:＄N＄102,3,0)",按 Enter 键完成操作,然后利用
自动填充功能对其他单元格进行填充。

➢ **步骤 3**：选择 D4 单元格,在编辑栏中输入公式"＝VLOOKUP(A4,
员工基础档案!＄A＄1:＄N＄102,14,0)",然后利用自动填充功能对其他
单元格进行填充。

➢ **步骤 4**：选择 E4 单元格,在编辑栏中输入公式"＝D4＊15％＊12",按
Enter 键完成操作,然后利用自动填充对其他单元格进行填充。

第(6)小题

➢ **步骤 1**：选择 F4 单元格,在编辑栏中输入公式"＝E4/12",按 Enter
键完成操作,然后利用自动填充对其他单元格进行填充。

➢ **步骤 2**：选择 G4 单元格,在编辑栏中输入公式"＝IF(F4＞80000,E4＊
45％－15160,IF(F4＞55000,E4＊35％－7160,IF(F4＞35000,E4＊30％－
4410,IF(F4＞25000,E4＊25％－2660,IF(F4＞12000,E4＊20％－1410,IF(F4＞
3000,E4＊10％－210,E4＊3％))))))"，按 Enter 键完成操作,然后利用自动
填充对其他单元格进行填充。

➢ **步骤 3**：选择 H4 单元格,在编辑栏中输入公式"＝E4－G4",按 Enter
键完成操作,然后利用自动填充对其他单元格进行填充。

第(7)小题

➢ **步骤 1**：进入"12 月工资表"工作表中,选择 E4 单元格,在编辑栏中输

入公式"＝VLOOKUP(A4,年终奖金!A:H,5,0)",按 Enter 键完成操作,然后利用自动填充对其他单元格进行填充。

> **步骤2**:选择 L4 单元格,在编辑栏中输入公式"＝VLOOKUP(A4,年终奖金!A:H,7,0)",按 Enter 键完成操作,然后利用自动填充对其他单元格进行填充。

> **步骤3**:选择 M4 单元格,在编辑栏中输入公式"＝H4－I4－K4－L4",按 Enter 键完成操作,然后利用自动填充对其他单元格进行填充。

第(8)小题

> **步骤1**:选中 B3 单元格,按 Ctrl＋A 键,然后按 Ctrl＋C 键,切换到"工资条"中,选中 A2 单元格,右击,在弹出的快捷菜单中选择"选择性粘贴"→"值和数字格式"选项,单击"确定"按钮,然后手动调整列宽。

> **步骤2**:选中 B3 单元格,按 Ctrl＋A 键,单击"开始"选项卡下"字体"组中的"下框线"按钮,选择"所有框线"。

> **步骤3**:选择 N 列,在选择的单元格中右击,在弹出的快捷菜单中选择"设置单元格格式"选项。在弹出的对话框中选择"数字"选项卡,将分类设置为"常规",单击"确定"按钮。

> **步骤4**:在 N3 中输入"1",N4 中输入"2",选中 N3:N4,鼠标移动到右下角,变成十字时,双击进行填充。

> **步骤5**:按 Ctrl＋C 键,单击 N71 单元格,按 Ctrl＋V 键,单击 N71 单元格,单击"开始"选项卡下"编辑"组中的"排序和筛选"下拉按钮,选择升序。

> **步骤6**:选中 N 列,右击,在弹出的快捷菜单中选择"删除"选项,选择 A2:M2 单元格,按 Ctrl＋C 键,选中 A 列,单击"开始"选项卡下"编辑"组中的"查找和选择"下拉按钮,选择"定位条件",选中"空值"单选按钮,单击"确定"按钮,按 Ctrl＋V 键。

> **步骤7**:在 N3 输入 1,选中 N3:N4 单元格,鼠标移动到右下角,变成十字时,双击鼠标进行填充,单击"开始"选项卡下"编辑"组中的"查找和选择"下拉按钮,选择"定位条件",选中"空值"单选按钮,单击"确定"按钮,单击"开始"选项卡下"单元格"组中的"插入"下拉按钮,选择"插入工作表行",选中 N 列,右击,在弹出的快捷菜单中选择"删除"选项。

➤ **步骤 8**：选中第一行，右击，在弹出的快捷菜单中选择"清除内容"选项。选中第 206 行，右击，在弹出的快捷菜单中选择"删除"选项。

➤ **步骤 9**：选中 A1:M204 单元格，单击"开始"选项卡下"字体"组中的"下框线"下拉按钮，单击"所有框线"。

➤ **步骤 10**：选中 A1:M204 单元格，单击"开始"选项卡下"编辑"组中的"查找和选择"下拉按钮，选择"定位条件"，选中"空值"单选按钮，单击"确定"按钮，单击"开始"选项卡下"字体"组中的"所有框线"下拉按钮，选择"其他边框"，在设置"单元格格式"对话框中，单击取消选中左、中、右竖边框，单击"确定"按钮。

➤ **步骤 11**：单击"开始"选项卡下"单元格"组中的"格式"下拉按钮，选择"行高"，输入"40"，单击"确定"按钮。

➤ **步骤 12**：选中 A1:M204 单元格，在"开始"选项卡下"字体"组中，调整字体大小>10，单击"开始"选项卡下"单元格"组中的"格式"下拉按钮，选择"自动调整列宽"。

📖 **第(9)小题**

➤ **步骤 1**：选中任意单元格，单击"页面布局"选项卡下"页面设置"组中的"扩展"按钮，在弹出的对话框中切换至"页边距"选项卡，勾选"居中方式"选项组中的"水平"复选框。

➤ **步骤 2**：切换至"页面"选项卡，将"方向"设置为"横向"。选择"缩放"选项组下的"调整为"单选按钮，将其设置为"1 页宽"，高度不设置，单击"确定"按钮。

➤ **步骤 3**：单击"保存"按钮，保存文件。

2.13 案例十三：新能源乘用车销量统计

Excel 案例 13

1．知识点

基础知识点：1-单元格格式设置；2-VLOOKUP 函数；3-乘法公式；4-RANK 函数；5-复制工作表、设置工作表标签颜色、重命名工作表；6-分类汇总；7-设置图表；8-保存文件。

2．题目要求

打开“Excel.xlsx”文件，按以下要求操作。

（1）请对“新能源乘用车销量统计”工作表进行格式调整（除标题外）：调整工作表中数据区域，适当调整其字体、加大字号。适当加大数据表行高和列宽，设置对齐方式，增加适当的边框和底纹以使工作表更加美观。

（2）在“新能源乘用车销量统计”工作表的“单价（万元）”列中，设置“单价（万元）”列单元格格式，使其为“数值型”“保留2位小数”。根据车型，使用 VLOOKUP 函数完成单价（万元）的自动填充。“单价（万元）”和“车型”的对应关系在“汽车报价”工作表中。

（3）在“新能源乘用车销量统计”工作表的“销售额（万元）”列中，计算7月份每种车型的“销售额（万元）”列的值，结果保留2位小数（数值型）。

（4）利用 RANK 函数，计算销售额“排名”列的内容。

（5）复制工作表“新能源乘用车销量统计”，将副本放置到原表之后；改变该副本表标签颜色，并重命名，新表名需包含“分类汇总”字样。

（6）通过分类汇总功能求出每种品牌车的月平均销售额，并将每组结果分页显示。

（7）以分类汇总结果为基础，创建一个簇状柱形图，对各种品牌车月平均销售额进行比较，并将该图表放置在一个名为“品牌车销售额图表分析图”的新工作表中，该表置于“汽车报价”表之后。

（8）保存“Excel.xlsx”文件。

3．解题步骤

🖐 第（1）小题

➢ **步骤1**：打开文件夹下的“Excel.xlsx”文件。

➢ **步骤2**：选中 A2:G25 单元格，单击“开始”选项卡下“字体”组中的“扩展”按钮，在弹出的对话框中，调整字体，加大字号。

➢ **步骤3**：单击“单元格”组中的“格式”下拉按钮，选择“行高”，在弹出的对话框中输入合适的数值。以同样的方法加大列宽。

➢ **步骤4**：单击“对齐方式”组中的“扩展”按钮，在“对齐”选项卡下单击“水平对齐”下拉按钮，选择合适的对齐方式。

➤ **步骤 5**：选中 A1:G25 单元格，单击"对齐方式"组中的"扩展"按钮，在"边框"选项卡下，设置单元格的边框。切换到"填充"选项卡下，选择一种合适的颜色。

第(2)小题

➤ **步骤 1**：选中 E3:E25 单元格区域，单击"数字"组中的"扩展"按钮，在"分类"中选择"数值"，设置小数位数为"2"，单击"确定"按钮。

➤ **步骤 2**：选中 E3 单元格，在编辑栏中输入公式"＝VLOOKUP(A3,汽车报价!A＄3:C＄25,3,FALSE)"，按 Enter 键进行计算，向下拖动右下角自动填充柄，填充至 E25 单元格。

第(3)小题

➤ **步骤 1**：选中 F3 单元格，在编辑栏中输入公式"＝D3＊E3"，按 Enter 键进行计算，向下拖动右下角自动填充柄，填充至 F254 单元格。

➤ **步骤 2**：选中 F3:F25 单元格区域，按照题面要求设置数字格式。

第(4)小题

➤ **步骤**：选中 G3 单元格，在编辑栏中输入公式"＝RANK(F3,F＄3:F＄25)"，按 Enter 键进行计算，向下拖动右下角自动填充柄，填充至 G25 单元格。

第(5)小题

➤ **步骤 1**：右击"新能源乘用车销量统计"工作表标签，在弹出的快捷菜单中选择"移动或复制"选项，在弹出的对话框中选择"汽车报价"，并勾选"建立副本"复选框，单击"确定"按钮。

➤ **步骤 2**：右击"新能源乘用车销量统计"工作表标签，在弹出的快捷菜单中选择"重命名"选项，输入包含"分类汇总"的工作表名。再次右击该工作表标签，在"工作表标签颜色"中任意选择一种颜色。

第(6)小题

➤ **步骤 1**：在"分类汇总"工作表中选中 C3 单元格，单击"开始"选项卡下"编辑"组中的"排序和筛选"下拉按钮,选择"自定义排序"。在弹出的对话框中,设置"主要关键字"为"所属品牌",单击"确定"按钮。

> **步骤 2**：切换至"数据"选项卡,单击"分级显示"组中的"分类汇总"按钮。在弹出的对话框中,设置"分类字段"为"所属品牌","汇总方式"为"平均值"。取消选中"排名"复选框,选中"选定汇总项"中的"销售额(万元)"复选框,选中"每组数据分页"复选框,单击"确定"按钮。

> **步骤 3**：单击行号左侧的所有"-"符号(保留最外侧的"-"符号),同时选中 C2:C38 和 F2:F38 单元格。单击"插入"选项卡下"图表"组中的"柱形图"下拉按钮,选择"簇状柱形图"。

> **步骤 4**：右击图表,在弹出的快捷菜单中选择"剪切"选项。进入 Sheet3 工作表,右击 A1 单元格,在弹出的快捷菜单中选择"粘贴"→"使用目标主题"选项。双击 Sheet3 工作表标签,将其重命名为"品牌车销售额图表分析图"。

第(7)小题

> **步骤**：单击"保存"按钮,保存文件。

2.14 案例十四：家庭开支明细表

Excel 案例 14

1. 知识点

基础知识点：1-单元格文字录入、合并单元格；2-单元格格式；3-单元格格式设置；4-排序；5-条件格式；7-复制移动工作表、设置工作表标签颜色、重命名工作表；8-分类汇总。

重难点：6-函数 LOOKUP 与 MONTH 嵌套；9-图表创建于设置(折线图)。

2. 题目要求

文件夹下名为"家庭开支明细表.xlsx"的 Excel 工作簿记录了 2020 年明华家里的每个月各类支出的明细数据。请你根据下列要求帮助明华对明细表进行整理和分析。

(1) 在工作表"简单生活"的第一行添加表标题"2020 年明华家开支明

细表"，并通过合并单元格，放于整个表的上端、居中。

（2）将工作表应用一种主题，并增大字号，适当加大行高列宽，设置居中对齐方式，除表标题"2020年明华家开支明细表"外，为工作表分别增加恰当的边框和底纹以使工作表更加美观。

（3）将每月各类支出及总支出对应的单元格数据类型都设为"货币"类型，格式为无小数、有人民币货币符号。

（4）通过函数计算每个月的总支出、各个类别月均支出、每月平均总支出；并按每个月总支出升序对工作表进行排序。

（5）利用"条件格式"功能：将月单项开支金额中大于2500元的数据所在单元格以不同的字体颜色与填充颜色突出显示；将月总支出额中大于月均总支出150%的数据所在单元格以另一种颜色显示，所用颜色深浅以不遮挡数据为宜。

（6）在"年月"与"服装服饰"列之间插入新列"季度"，数据根据月份由函数生成，例如：1～3月对应"1季度"、4～6月对应"2季度"……

（7）复制工作表"简单生活"，将副本放置到原表右侧；改变该副本表标签的颜色，并重命名为"按季度汇总"；删除"月均开销"对应行。

（8）通过分类汇总功能，按季度升序求出每个季度各类开支的月均支出金额。

（9）在"按季度汇总"工作表后面新建名为"折线图"的工作表，在该工作表中以分类汇总结果为基础，创建一个带数据标记的折线图，水平轴标签为各类开支，对各类开支的季度平均支出进行比较，给每类开支的最高季度月均支出值添加数据标签。

3. 解题步骤

　第（1）小题

➤ **步骤1**：打开文件"家庭开支明细表.xlsx"。

➤ **步骤2**：选中A1:M1单元格，单击"开始"选项卡下"对齐方式"组中的"合并后居中"按钮。在单元格中输入"2020年明华家开支明细表"。

　第（2）小题

➤ **步骤1**：选中任意单元格，并按住Ctrl＋A键全选工作表。切换到"页面布局"选项卡下,单击"主题"组中的"主题"下拉按钮,任意选择一个主题。

➤ **步骤 2**:切换到"开始"选项卡下,单击"字体"组中的"增大字体"按钮,适当增大字号。

➤ **步骤 3**:单击"单元格"组中的"格式"下拉按钮,单击"行高"按钮,适当增大行高;单击"列宽"按钮,适当增大列宽。可将行高调整为"16",列宽调整为"10"。

➤ **步骤 4**:单击"对齐方式"组中的"扩展"按钮,在弹出的对话框中单击"水平对齐"下拉按钮,选择"居中",单击"确定"按钮。

➤ **步骤 5**:选中 A2:M15 单元格区域,单击"字体"组中的"下框线"下拉按钮,选择"所有框线"。单击"填充颜色"下拉按钮,任意选择一种颜色。

第(3)小题

➤ **步骤**:选中 B3:M15 单元格区域,单击"数字"组中的"扩展"按钮,在"数字"选项卡下选择"货币",调整"小数位数"为 0,单击"货币符号"下拉按钮,选择"¥",单击"确定"按钮。

第(4)小题

➤ **步骤 1**:选中 M3 单元格,单击"编辑"组中的"自动求和"按钮,按 Enter 键确认输入,利用自动填充功能将其填充至 M14 单元格。

➤ **步骤 2**:选中 B15 单元格,单击"自动求和"下拉按钮,选择"平均值",按 Enter 键确认输入,利用自动填充功能将其填充至 M15 单元格。

➤ **步骤 3**:选中 A3:M14 单元格区域,单击"编辑"组中的"排序和筛选"下拉按钮,选择"自定义排序"。在弹出的对话框中单击"主要关键字"下拉按钮,选择"总支出",单击"确定"按钮。

第(5)小题

➤ **步骤 1**:选中 B3:L14 单元格区域,单击"样式"组中的"条件格式"下拉按钮,选择"突出显示单元格规则"下的"大于"。在文本框中输入"¥2500",使用默认设置"浅红填充色深红色文本",单击"确定"按钮。

➤ **步骤 2**:选中 M3:M14 单元格区域,单击"条件格式"下拉按钮,选择"突出显示单元格规则"下的"大于"。在文本框中输入"= $M$15 * 1.5",

设置颜色为"黄填充色深黄色文本"，单击"确定"按钮。

第(6)小题

➤ **步骤 1**：选中 B 列，右击，在弹出的快捷菜单中选择"插入"选项。在 B2 单元格中输入"季度"。

➤ **步骤 2**：选中 B3 单元格，在编辑栏中输入公式"= LOOKUP (MONTH(A3)，{1，4，7，10;"1"，"2"，"3"，"4"})&"季度""，按 Enter 键确认输入，利用自动填充功能将其填充至 B14 单元格。

第(7)小题

➤ **步骤 1**：右击工作表名，在弹出的快捷菜单中选择"移动或复制"选项，在"下列选定工作表之前"列表框中单击"(移至最后)"，勾选"建立副本"复选框，单击"确定"按钮。

➤ **步骤 2**：右击"简单生活(2)"工作表名，在"工作表标签颜色"中选择任意一种颜色。

➤ **步骤 3**：双击该工作表名，将工作表重命名为"按季度汇总"。

➤ **步骤 4**：选中"月均开销"行，右击，在弹出的快捷菜单中选择"删除"选项。

第(8)小题

➤ **步骤 1**：选中 B 列的一个单元格，如 B3。单击"编辑"组中的"排序和筛选"下拉按钮，选择"升序"。

➤ **步骤 2**：切换至"数据"选项卡，单击"分级显示"选项组下的"分类汇总"按钮，弹出"分类汇总"对话框，在"分类字段"中选择"季度"、在"汇总方式"中选择"平均值"，在"选定汇总项中"不勾选"年月""季度""总支出"复选框，其余全选，单击"确定"按钮。

第(9)小题

➤ **步骤 1**：单击"按季度汇总"工作表左侧的标签数字"2"(在全选按钮左侧)，选择 B2:M18 单元格区域，切换至"插入"选项卡，单击"图表"选项组

中的"折线图"下拉按钮，选择"带数据标记的折线图"。单击"图表工具"中
"设计"选项卡下"数据"组中的"切换行/列"按钮。

　　➤ **步骤 2**：单击"位置"组中的"移动图表"按钮，在弹出的对话框中选中
"新工作表"单选按钮，输入工作表名"折线图"，单击"确定"按钮。

　　➤ **步骤 3**：选择"折线图"工作表标签，在标签处右击，在弹出的快捷菜
单中选择"移动或复制"选项，在弹出的"移动或复制工作表"对话框中勾选
"移至最后"复选框，单击"确定"按钮。

　　➤ **步骤 4**：单击"图表工具"中"布局"选项卡下"标签"组中的"数据标
签"下拉按钮，选择"左"。

　　➤ **步骤 5**：选中一个数据标签，按 Delete 键删除，只留下每类开支的最
高季度月均支出值的数据标签。

　　➤ **步骤 6**：单击"保存"按钮，保存文件。

第3章 PowerPoint操作案例

3.1 案例一："书籍分享"演示文稿

1. 知识点

基础知识点：1-新建演示文稿；2-版式、主题设置、素材导入；3-标题、副标题输入；4-SmartArt 图形；5-插入图片、图片样式；6-插入表格；7-段落设置、项目符号设置；8-切换效果、动画效果；9-保存文件。

2. 题目要求

小李是从事公益阅读推广的达人，他起草了一份世界名著《老人与海》的分享方案（请参考"书籍分享.docx"文件）。他需要将该分享方案制作为演示文稿进行展示。现在，请你根据"书籍分享.docx"文档中的内容，按照如下要求完成演示文稿的制作。

（1）新建一个空白演示文稿，命名为"书籍分享.pptx"，并保存在文件夹中，后续操作均基于此文件。

（2）制作完成的演示文稿包含 6 张幻灯片。第 1 张为"标题幻灯片"版式，第 2、5 张为"标题和内容"版式，第 3、4 张为"两栏内容"版式，第 6 张为"标题和竖排文字"版式。每张幻灯片中的文字内容，可以从文件夹下的"书籍分享.docx"文件中找到，需要参考样例效果将其置于适当的位置。还需要对所有幻灯片应用名称为"都市"的内置主题。

（3）将演示文稿中的第 1 张标题幻灯片，设置标题为"《老人与海》"，副标题为"作者：海明威"。

（4）将第2张幻灯片中标题下的文字转换为SmartArt图形，布局为"垂直框列表"，更改图形颜色，并设置该SmartArt样式为"彩色-强调文字颜色"，调整其大小位置。

（5）在第3张幻灯片中，参考样例将文件夹下的图片"老人与海.png"插入到右侧，并应用恰当的图片效果。

（6）将第4张幻灯片中标题下的文字转换为表格，表格的内容参考样例文件。将文件夹下的图片"头像.png"插入到右侧，并应用恰当的图片效果。适当调整表格和图片的大小位置。

（7）参考样例文件效果，调整第5张和第6张幻灯片标题下文本的行间距，设置项目符号为"带填充效果的钻石型"。

（8）每页幻灯片需设置不同的切换效果，动画效果要丰富。

（9）保存制作完成的演示文稿。

3．解题步骤

第（1）小题

➤ **步骤**：右击文件夹空白处，新建一个演示文稿，将其重命名为"书籍分享.pptx"。

第（2）小题与第（3）小题

➤ **步骤1**：单击"开始"选项卡下"幻灯片"组中的"新建幻灯片"下拉按钮，选择"标题幻灯片"。按同样方法根据题目要求新建第2～7张幻灯片，使得第2、5张为"标题和内容"版式，第3、4张为"两栏内容"版式，第6张为"标题和竖排文字"版式，第7张为"空白"版式。

➤ **步骤2**：单击"设计"选项卡下"主题"组中的"下拉"按钮，选择主题样式为"都市"。

➤ **步骤3**：按照"参考样例.docx"，将"书籍分享.docx"中的内容复制到相应幻灯片中，删除多余的空格，适当调整位置。

第（4）小题

➤ **步骤1**：单击第2张幻灯片，选中标题下的文字，右击，在弹出的快捷菜单中选择"转换为SmartArt"→"其他SmartArt图形"选项。弹出"选择

SmartArt图形"对话框，选择列表中的"垂直框列表"，单击"确定"按钮。

➢ **步骤2**：单击"SmartArt工具"中"设计"选项卡下"SmartArt样式"组中的"更改颜色"下拉按钮，选择"彩色-强调文字颜色"，适当调整图形的大小与位置。

第(5)小题

➢ **步骤1**：选中第3张幻灯片右侧的内容区，单击"插入"选项卡下"图像"组中的"图片"按钮，弹出"插入图片"对话框，从文件夹下选择"老人与海.png"，单击"插入"按钮。

➢ **步骤2**：单击"图片工具"中"格式"选项卡下"图片样式"组中的"其他"扩展按钮，选择"圆形对角白色"的图片样式。

第(6)小题

➢ **步骤1**：选中第4张幻灯片左侧内容区，单击"插入"选项卡下"表格"组中的"表格"下拉按钮，选择"插入表格"命令，即可弹出"插入表格"对话框。

➢ **步骤2**：在"列数"微调框中输入"2"，在"行数"微调框中输入"5"，然后单击"确定"按钮即可在幻灯片中插入一个5行、2列的表格，将文字填入表格内，调整表格至合适的大小与位置。

➢ **步骤3**：按照第6题方法在幻灯片右侧内容区插入图片"头像.png"，调整图片至合适的大小与位置，并设置一种图片样式。

第(7)小题

➢ **步骤1**：选中第5张幻灯片内容文本框里的文本，单击"开始"选项卡下"段落"组中的"扩展"按钮，在"间距"选项卡下，适当增大行距，单击"确定"按钮。

➢ **步骤2**：单击"开始"选项卡下"段落"组中的"项目符号"按钮，选择"带填充效果的钻石型"项目符号。以同样的方法设置第6张幻灯片文本区中的文字行距和项目符号。

第(8)小题

➤ **步骤 1**：为幻灯片添加适当的动画效果。选中幻灯片中的某个文本框，单击"动画"选项卡下"动画"组中的"其他"下拉按钮，选择恰当的动画效果。

➤ **步骤 2**：按照同样的方式为其他文本区域或者图片、图形、表格设置动画效果。

➤ **步骤 3**：为幻灯片设置切换效果。选中一张幻灯片，单击"切换"选项卡下"切换到此幻灯片"组中的"其他"下拉按钮，选择恰当的切换效果。

➤ **步骤 4**：按照同样的方式为其他幻灯片设置切换效果。

第(9)小题

➤ **步骤**：保存并关闭文件。

3.2　案例二："手机演变史"演示文稿

PPT 案例 2

1. 知识点

基础知识点：1-版式；2-素材导入；3-项目符号、插入图片、艺术字；4-动画效果、超链接、切换效果。

中等难点：1-设置背景样式（预设颜色）；2-SmartArt 图形。

2. 题目要求

打开文件夹下的"手机演变史-素材.pptx"，根据文件夹下的文件"手机演变史-文本.docx"，按照下列要求完善此文稿并保存为"手机演变史.pptx"。

（1）使文稿包含 7 张幻灯片，设计第 1 张为"标题幻灯片"版式，第 2 张为"仅标题"版式，第 3～6 张为"两栏内容"版式，第 7 张为"空白"版式；所有幻灯片统一设置背景样式，要求有预设颜色。

（2）第 1 张幻灯片标题为"手机演变简史"，副标题为"手机经历的四轮演变"；第 2 张幻灯片标题为"手机经历的四轮演变"；在标题下面空白处插入 SmartArt 图形，要求含有 4 个文本框，在每个文本框中依次输入"大哥大时代""按键机时代""半智能机时代""智能机时代"，更改图形颜色，适当调整字体字号。

（3）第3～6张幻灯片，标题内容分别为"手机演变史-文本.docx"中各段的标题；左侧内容为各段的文字介绍，加项目符号，右侧为文件夹下存放相对应的图片；在第七张幻灯片中插入艺术字，内容为"谢谢！"。

（4）为第1张幻灯片的副标题、第3～6张幻灯片的图片设置动画效果，第2张幻灯片的四个文本框超链接到相应内容幻灯片；为所有幻灯片设置切换效果。

3. 解题步骤

👆 第（1）小题

➤ **步骤1**：打开文件夹下的演示文稿"手机演变史-素材.pptx"，另存为"手机演变史.pptx"。选中第1张幻灯片，单击"开始"选项卡下"幻灯片"组中的"版式"按钮，选择"标题幻灯片"。

➤ **步骤2**：单击"开始"选项卡下"幻灯片"组中的"新建幻灯片"下拉按钮，选择"仅标题"。按同样方法新建第3～6张幻灯片为"两栏内容"版式，第7张为"空白"版式。

➤ **步骤3**：单击"设计"选项卡下"背景"组中的"背景样式"下拉按钮，在弹出的下拉列表中选择"设置背景格式"，弹出"设置背景格式"对话框，在"填充"选项卡下选中"渐变填充"单选按钮，单击"预设颜色"下拉按钮，选择任意一种颜色，然后单击"全部应用"按钮，再单击"关闭"按钮。

👆 第（2）小题

➤ **步骤1**：选中第1张幻灯片，在"单击此处添加标题"处输入"手机演变简史"字样。在"单击此处添加副标题"处输入"手机经历的四轮演变"字样。

➤ **步骤2**：选中第2张幻灯片，在"单击此处添加标题"处输入"手机经历的四轮演变"字样。

➤ **步骤3**：选中第2张幻灯片，单击"插入"选项卡下"插图"组中的"SmartArt"按钮，弹出"选择SmartArt图形"对话框，选择"垂直框列表"，单击"确定"按钮。此时默认的只有3个文本框，选中第3个文本框，单击"SmartArt工具"中"设计"选项卡下"创建图形"组中的"添加形状"下拉按钮，选择"在后面添加形状"。在4个文本框中依次输入"大哥大时代"，"按键机时代"，"半智能机时代"，"智能机时代"。

➤ **步骤 4**：选中 SmartArt 图形，单击"SmartArt 工具"中"设计"选项卡下"SmartArt 样式"组中的"更改颜色"下拉按钮，选择任意一种颜色。

➤ **步骤 5**：选中 SmartArt 图形，单击"开始"选项卡下"字体"组中的"扩展"按钮，弹出"字体"对话框，可设置中文字体为"黑体"，大小为"28"，然后单击"确定"按钮。

第（3）小题

➤ **步骤 1**：选中第 3 张幻灯片，在"单击此处添加标题"处输入"第一代手机：大哥大"字样。将"手机演变史-文本.docx"中第一代手机标题下的文字内容复制粘贴到该幻灯片的左侧内容区，删除多余空格。选中左侧内容区文字，单击"开始"选项卡下"段落"组中的"项目符号"下拉按钮，选择"箭头项目符号"选项。

➤ **步骤 2**：选中右侧内容区，单击"插入"选项卡下"图像"组中的"图片"按钮，弹出"插入图片"对话框，从文件夹下选择"大哥大.jpg"，单击"插入"按钮。

➤ **步骤 3**：按照上述方法，设置第 4～6 张幻灯片。

➤ **步骤 4**：选中第 7 张幻灯片，单击"插入"选项卡下"文本"组中的"艺术字"下拉按钮，任意选择一种艺术字样式，输入文字"谢谢！"。

第（4）小题

➤ **步骤 1**：选中第 1 张幻灯片的副标题，单击"动画"选项卡，在"动画"组中选择一种动画效果。按同样的方法可为第 3～6 张幻灯片的图片设置动画效果。

➤ **步骤 2**：选中第 2 张幻灯片 SmartArt 图形中第一个文本框的文字内容，单击"插入"选项卡下"链接"组中的"超链接"按钮，弹出"插入超链接"对话框，在"链接到："下单击"本文档中的位置"，在"请选择文档中的位置"中单击第 3 张幻灯片，然后单击"确定"按钮。按照同样方法将剩下的 3 个文本框超链接到相应内容幻灯片。

➤ **步骤 3**：在"切换"选项卡下的"切换到此幻灯片"组中选择一种切换方式，再单击"计时"组中的"全部应用"按钮。

➤ **步骤 4**：保存并关闭文件。

3.3　案例三："安全乘坐电梯"演示文稿

1. 知识点

PPT 案例3

基础知识点：1-版式；2-超链接；3-主题；4-SmartArt 图形、动画效果；5-项目符号；6-切换效果；7-艺术字。

2. 题目要求

"电梯吃人"事件时有发生，很多人对电梯既爱又怕。小李是某市电梯应急救援中心的队员，应邀到一所中学进行电梯安全知识培训。救援中心已经制作了一份演示文稿的素材"安全乘坐电梯常识.pptx"，请打开该文档进行美化，要求如下。

（1）将第 1 张幻灯片版式设为"标题幻灯片"，副标题中输入文字为"——我安全，我健康，我快乐"。

（2）将第 3 张幻灯片版式设为"两栏内容"，在该幻灯片右侧输入文字："电梯事故分析"，并插入超链接，链接到考生文件夹下"电梯事故分析.docx"。

（3）第 2 张、第 4 张、第 5 张、第 6 张幻灯片的版式设为"标题和内容"，为整个演示文稿指定一个恰当的设计主题。

（4）根据第 2 张、第 4 张和第 6 张幻灯片文字内容转换为 SmartArt 图形，结果应类似参考样例文件"SmartArt 样例.docx"，并为 SmartArt 图形添加任意一种动画效果。

（5）为第 3 张、第 5 张幻灯片的内容文字添加项目符号，并添加适当的动画效果。

（6）为演示文稿设置不少于 3 种的幻灯片切换方式。

（7）添加第七张幻灯片，版式为"空白"；插入艺术字，内容为"Thank you!"，并旋转一定角度。

3. 解题步骤

第（1）小题

➤ **步骤 1**：打开"安全乘坐电梯常识.pptx"，选中第 1 张幻灯片，单击"开始"选项卡下"幻灯片"组中的"版式"下拉按钮,选择"标题幻灯片"。

> **步骤2**：在副标题文本框中输入"——我安全,我健康,我快乐"。

✊ 第(2)小题

> **步骤1**：选中第3张幻灯片,按照同样的方法设置版式为"两栏内容"。

> **步骤2**：在右侧文本框中输入"电梯事故分析"。

> **步骤3**：选中该文字,单击"插入"选项卡下"链接"组中的"超链接"按钮,弹出"插入超链接"对话框。在"链接到"组中选择"现有文件或网页",在右侧的查找范围中,单击"当前文件夹",选择"电梯事故分析.docx",单击"确定"按钮。

✊ 第(3)小题

> **步骤1**：按照第(1)小题步骤1的方法,设置第2、4、5、6张幻灯片的版式为"标题和内容"。

> **步骤2**：单击"设计"选项卡下"主题"组中的"其他"下拉按钮,选择恰当的主题样式。

✊ 第(4)小题

> **步骤1**：单击第2张幻灯片,选中文本区的文字,右击,在弹出的快捷菜单中选择"转换为SmartArt"→"基本维恩图"选项。

> **步骤2**：选中SmartArt图形,单击"动画"选项卡下"动画"组中的"其他"下拉按钮,选择一个动画效果。

> **步骤3**：单击第4张、第6张幻灯片,按照同样的方法设置SmartArt图形及其动画效果。

✊ 第(5)小题

> **步骤1**：单击第3张幻灯片,选中左侧文本区内容,单击"开始"选项卡下"段落"组中的"项目符号"下拉按钮,选择任意一种项目符号。

> **步骤2**：按照同样的方法为第5张幻灯片的内容文字添加项目符号。

> **步骤3**：按照第(4)小题步骤2的方法为第3、5张幻灯片的内容文字添加适当的动画效果。

第（6）小题

➤ **步骤 1**：选中一张幻灯片，单击"切换"选项卡下"切换到此幻灯片"组中的"其他"下拉按钮，选择恰当的切换效果。

➤ **步骤 2**：按照同样的方式为其他幻灯片设置不同的切换效果。

第（7）小题

➤ **步骤 1**：在第 6 张幻灯片后新建一张版式为"空白"的幻灯片。选定第 6 张幻灯片，单击"开始"选项卡下"幻灯片"组中的"新建幻灯片"下拉按钮，选择"空白"。

➤ **步骤 2**：单击"插入"选项卡下"文本"组中的"艺术字"下拉按钮，选择一种艺术字形式，并在艺术字文本框中输入"谢谢！"。

➤ **步骤 3**：选中艺术字，单击"绘图工具"中"格式"选项卡下"排列"组中的"旋转"下拉按钮，选择"其他旋转选项"。弹出"设置形状格式"对话框，在"大小"中设置"旋转"的角度，单击"关闭"按钮。

➤ **步骤 4**：保存并关闭文件。

3.4　案例四："守护地球"演示文稿

1．知识点

基础知识点：1-主题；2-版式；4-插入图片；6-艺术字；7-项目符号、动画效果、切换效果。

中等难点：3-SmartArt 图形（连续块状流程、垂直括号列表、基本维恩图）；5-SmartArt 图形（蛇形图片题注列表、射线列表）。

2．题目要求

打开文件夹下的演示文稿"守护地球.pptx"，根据文件夹下的图片文件素材，按照下列要求完善此文稿并保存。

（1）为整个演示文稿指定一个美观的设计主题。

(2) 使文稿包含 8 张幻灯片,设计第 1 张为"标题幻灯片"版式,标题为"绿色低碳,守护地球",第 2、4、5、6、7 张为"标题和内容"版式,第 3 张为"两栏内容"版式,第 8 张幻灯片为"空白"版式。

(3) 将第 2、4、5 张幻灯片中标题下的文字均转换为 SmartArt 图形,分别布局为"连续块状流程""垂直括号列表""基本维恩图"。更改图形颜色,适当调整字体字号。

(4) 在第 3 张幻灯片右侧文本框中,插入文件夹下的图片"1.jpg"。

(5) 将第 6 张幻灯片的内容文本框中三行文字转换为样式为"蛇形图片题注列表"的 SmartArt 对象,并将图片"2.jpg""3.jpg"和"4.jpg"定义为该 SmartArt 对象的显示图片。将第 7 张幻灯片的内容文本框中的文字转换为样式为"射线列表"的 SmartArt 对象,将图片"5.jpg"定义为该 SmartArt 对象的显示图片。

(6) 在第 8 张幻灯片中插入艺术字,内容为"感谢!"。

(7) 为幻灯片文字内容适当增加项目符号,幻灯片动画效果不少于 3 种,幻灯片切换效果不少于 2 种。

3. 解题步骤

第(1)小题

➢ **步骤 1**:在文件夹中打开文件"守护地球.pptx"。

➢ **步骤 2**:单击"设计"选项卡下"主题"组中的"其他"下拉按钮,选择一个合适的主题。

第(2)小题

➢ **步骤 1**:选中第 1 张幻灯片,单击"开始"选项卡下"幻灯片"组中的"版式"下拉按钮,选择"标题幻灯片"。在"单击此处添加标题"文本框中输入"绿色低碳,守护地球"。

➢ **步骤 2**:以同样的方法,按照题面要求设置第 2、4、5、6、7 张幻灯片的版式为"标题和内容";第 3 张幻灯片的版式为"两栏内容"。

➢ **步骤 3**:选中第 7 张幻灯片,单击"开始"选项卡下"幻灯片"组中的"新建幻灯片"下拉按钮,选择"空白"。

◆ 第（3）小题

➤ **步骤 1**：选定第 2 张幻灯片内容文本框中的文字，单击"开始"选项卡下"段落"组中的"转换为 SmartArt 图形"下拉按钮，选择"其他 SmartArt 图形"，选择"列表"中的"连续块状流程"，单击"确定"按钮。

➤ **步骤 2**：切换至"SmartArt 工具"下的"设计"选项卡，单击"SmartArt 样式"组中的"更改颜色"下拉按钮，选择任意一种颜色。选中 SmartArt 图形，在"开始"选项卡"字体"组中设置字体大小。

➤ **步骤 3**：按照步骤 1、步骤 2 的方式，分别将第 4、第 5 张幻灯片标题下文本框里的文字转换为"垂直括号列表""基本维恩图"的 SmartArt 对象，并适当调整图形颜色、字体字号。

◆ 第（4）小题

➤ **步骤**：选中第 3 张幻灯片，在右侧文本框内单击"插入来自文件的图片"按钮，弹出"插入图片"对话框。在对话框中选中文件夹下的图片"1.jpg"，单击"插入"按钮。

◆ 第（5）小题

➤ **步骤 1**：选中第 6 张幻灯片内容文本框里的"全身沾染上石油的企鹅""荒漠化""沙尘暴下的北京街头"三行文字，右击，在弹出的快捷菜单中选择"转化为 SmartArt"→"其他 SmartArt 图形"选项，在弹出的对话框中选择"图片"中的"蛇形图片题注列表"，单击"确定"按钮。

➤ **步骤 2**：单击在"全身沾染上石油的企鹅"所对应的图片按钮，在弹出的"插入图片"对话框中选择图片"2.jpg"，单击"插入"按钮。按照同样的方法在对应的位置插入图片"3.jpg"和"4jpg"。

➤ **步骤 3**：按照步骤 1、步骤 2 的方式，将第 7 张幻灯片标题下文本框里的文字转换为"射线列表"的 SmartArt 对象、插入图片"5.jpg"。

◆ 第（6）小题

➤ **步骤**：选中第 8 张幻灯片，单击"插入"选项卡下"文本"组中的"艺术字"下拉按钮，任意选择一种艺术字样式，并在艺术字文本框中输入"感谢！"。

第(7)小题

➤ **步骤1**：增加项目符号。选中需要设置的文字，单击"开始"选项卡下"段落"组中的"项目符号"下拉按钮，选择合适的项目符号。此处根据文档内容，可设置第3张幻灯片中的文字内容。

➤ **步骤2**：设置动画效果方法。选中需要设置的对象，单击"动画"选项卡下"动画"组中的"其他"下拉按钮，选择合适的动画效果（在这里设置3种以上的动画效果）。

➤ **步骤3**：设置切换效果方法。选中一张幻灯片，单击"切换"选项卡下"切换到此幻灯片"组中的"其他"下拉按钮，选择合适的切换效果（幻灯片切换效果不少于两种）。

➤ **步骤4**：保存并关闭文件。

3.5　案例五："相册展示"演示文稿

PPT 案例 5

1. 知识点

基础知识点：2-主题设置；3-切换效果；4-文字输入、字体设置；6-动画效果；7-超链接。

重难点：1-创建相册；5-SmartArt；8-插入音频。

2. 题目要求

某艺术摄影赛落幕，主办方希望将获奖作品进行展示。这些优秀的摄影作品保存在文件夹中，请按照如下需求，制作一份演示文稿。

（1）利用PowerPoint应用程序创建一个相册，其中包含"梅1.jpg～梅4.jpg""兰1.jpg～兰4.jpg""竹1.jpg～竹4.jpg""菊1.jpg～菊4.jpg"共16张摄影作品。在每张幻灯片中展示4张图片，并将每张图片设置为"居中矩形阴影"相框形状。

（2）设置相册主题为文件夹中的"相册主题.pptx"样式。

（3）为相册中每张幻灯片设置不同的切换效果。

（4）在标题幻灯片后插入一张新的幻灯片，将该幻灯片设置为"标题和内容"版式。在该幻灯片的标题位置输入"梅兰竹菊"，并设置字体为"华光行草"，字号为"66号"，居中对齐；在该幻灯片的内容文本框中输入4行文字，分别为"春兰幽香引蝶舞""夏竹挺拔翠山谷""秋菊不畏风霜凌"和"冬梅腊雪绽傲骨"。

（5）将"春兰幽香引蝶舞""夏竹挺拔翠山谷""秋菊不畏风霜凌"和"冬梅腊雪绽傲骨"4行文字转换为样式为"六边形群集"的SmartArt对象，并将"梅4.jpg""兰2.jpg""菊1.jpg""竹3.jpg"定义为该SmartArt对象的显示图片。

（6）为SmartArt对象添加自左至右的"擦除"进入动画效果，并要求在幻灯片放映时该SmartArt对象元素可以逐个显示。

（7）在SmartArt对象元素中添加幻灯片跳转链接，使得单击"春兰幽香引蝶舞"标注形状可跳转至第4张幻灯片，单击"夏竹挺拔翠山谷"标注形状可跳转至第5张幻灯片，单击"秋菊不畏风霜凌"标注形状可跳转至第6张幻灯片，单击"冬梅腊雪绽傲骨"标注形状可跳转至第3张幻灯片。

（8）将考试文件夹中的"bxsnrfc.mp3"声音文件作为该相册的背景音乐，并在幻灯片放映时开始播放。

（9）将该相册保存为"梅兰竹菊相册.pptx"文件。

3．解题步骤

📎 第（1）小题

➢ **步骤1**：右击文件夹空白处，新建一个演示文稿。

➢ **步骤2**：打开演示文稿，单击"插入"选项卡下"图像"组中的"相册"下拉按钮，选择"新建相册"。

➢ **步骤3**：在弹出的"相册"对话框中，单击"文件/磁盘"按钮，弹出"插入新图片"对话框，按住Ctrl键，同时选中要求的16张图片，单击"插入"按钮。

➢ **步骤4**：回到"相册"对话框，在"图片版式"下拉列表中选择"4张图片"，在"相框形状"下拉列表中选择"居中矩形阴影"，单击"主题"右侧的"浏览"按钮，在文件夹下选择"相册主题.pptx"，单击"选择"按钮，再单击"创建"按钮。

第(2)小题

> **步骤**：在第(1)小题步骤 4 中已设置相册主题。

第(3)小题

> **步骤 1**：选中第 1 张幻灯片，在"切换"选项卡下"切换到此幻灯片"组中选择合适的切换效果。
> **步骤 2**：设置其他幻灯片为不同的切换效果。

第(4)小题

> **步骤 1**：选中第 1 张幻灯片，单击"开始"选项卡下"幻灯片"组中的"新建幻灯片"下拉按钮，选择"标题和内容"。
> **步骤 2**：在该幻灯片的标题文本框中输入"梅兰竹菊"，在"开始"选项卡"字体"组中设置字体为"华光行楷"，字号为"66 号"，居中对齐。在内容文本框中输入 4 行文字，分别为"春兰幽香引蝶舞""夏竹挺拔翠山谷""秋菊不畏风霜凌"和"冬梅腊雪绽傲骨"。

第(5)小题

> **步骤 1**：选中"春兰幽香引蝶舞""夏竹挺拔翠山谷""秋菊不畏风霜凌"和"冬梅腊雪绽傲骨"四行文字，右击，在弹出的快捷菜单中选择"转化为 SmartArt"→"其他 SmartArt 图形"选项，在弹出的对话框中选择"图片"中的"六边形群集"，单击"确定"按钮。
> **步骤 2**：单击在"春兰幽香引蝶舞"所对应的图片按钮。在弹出的"插入图片"对话框中选择"兰 2.jpg"图片，单击"插入"按钮。
> **步骤 3**：按照同样的方法插入其他 3 张图片。
> **步骤 4**：为新建的幻灯片设置与其他幻灯片不同的切换效果。

第(6)小题

> **步骤 1**：选中 SmartArt 图形，单击"动画"选项卡下"动画"组中的"擦除"按钮。
> **步骤 2**：单击"动画"选项卡下"动画"组中的"效果选项"下拉按钮，依

次选中"自左侧"和"逐个"。

📑 **第(7)小题**

➤ **步骤 1**：选中 SmartArt 中的"春兰幽香引蝶舞"，单击"插入"选项卡下"链接"组中的"超链接"按钮，即可弹出"插入超链接"对话框。在"链接到"组中选择"本文档中的位置"，并在右侧选择"幻灯片 4"，单击"确定"按钮。

➤ **步骤 2**：按照同样的方法设置另外 3 个超链接。

📑 **第(8)小题**

➤ **步骤 1**：选中第 1 张幻灯片，单击"插入"选项卡下"媒体"组中的"音频"下拉按钮，选择"文件中的音频"。在弹出的"插入音频"对话框中选中"bxsnrfc.mp3"音频文件，单击"插入"按钮。

➤ **步骤 2**：选中音频的小喇叭图标，将其拖动到合适的位置，在"音频工具"中"播放"选项卡的"音频选项"组中勾选"循环播放，直到停止"和"播放返回开头"复选框，在"开始"下拉列表框中选择"跨幻灯片播放"。

📑 **第(9)小题**

➤ **步骤 1**：单击"文件"选项卡下的"保存"按钮。

➤ **步骤 2**：在弹出的"另存为"对话框中，在"文件名"下拉列表框中输"梅兰竹菊相册.pptx"。单击"保存"按钮。

PPT 案例 6

3.6 案例六："'双减'政策解读"演示文稿

1. 知识点

基础知识点：2-动画排序；3-SmartArt 图形、超链接；5-主题、切换效果、分节。

中等难点：1-素材导入；4-动画效果。

2. 题目要求

中共中央办公厅、国务院办公厅近日印发《关于进一步减轻义务教育阶段学生作业负担和校外培训负担的意见》。为了贯彻落实中央的决策部署，某教育局王老师正在准备有关"双减"政策的解读，她已搜集并整理了一份"'双减'政策解读.docx"文档。请根据该文档，按下列要求帮助完成PowerPoint演示文稿的整合制作。

（1）在PowerPoint中创建一个名为"'双减'政策解读.pptx"的新演示文稿，该演示文稿需要包含Word文档"'双减'政策解读.docx"中的所有内容，每一张幻灯片对应Word文档中的一页，其中Word文档中应用"标题1""标题2""标题3"样式的文本内容分别对应演示文稿中的每页幻灯片的标题文字、第一级文本内容、第二级文本内容。

（2）将第1张幻灯片的版式设为"标题幻灯片"，在该幻灯片的右下角插入任意一幅剪贴画，依次为标题、副标题和新插入的图片设置不同的动画效果，并且指定动画出现顺序为图片、标题、副标题。

（3）将第2张幻灯片中用绿色标出的文本内容转换为"垂直框列表"类的SmartArt图形，并分别将每个列表框链接到对应的幻灯片。将第4、7、9、10、13、18张幻灯片的版式设为"两栏内容"，并在一侧的内容框中插入对应素材文档中的图片。为SmartArt图形和每张图片设置动画效果。

（4）参考SmartArt样例图片，将原素材文档中的第6页内容中的红色文字转换为"层次结构列表"类的SmartArt图形，并为其设置一个逐项出现的动画效果。

（5）将演示文稿按下列要求分为5节，并为每节应用不同的设计主题和幻灯片切换方式。

第1～2页为目录；第3～7页为概述；第8～11页为总体要求；第12～17页为主要内容；第18页为家庭教育。

3. 解题步骤

✎ 第（1）小题

➤ **步骤1**：在文件夹下新建PowerPoint演示文稿，并重命名为"'双减'政策解读.pptx"。

➤ **步骤2**：打开演示文稿，单击"文件"选项卡下的"打开"按钮，弹出"打开"对话框，将文件类型选为"所有文件"，找到文件下的素材文件"'双减'政策解读.docx"，单击"打开"按钮，即可将Word文件导入到PowerPoint中。

✔ 第（2）小题

➤ **步骤 1**：选择第 1 张幻灯片，单击"开始"选项卡下"幻灯片"组中的"版式"下拉按钮，选择"标题幻灯片"选项。

➤ **步骤 2**：单击"插入"选项卡下"图像"组中的"剪贴画"按钮，弹出"剪贴画"窗格，然后在"搜索文字"下的文本框中输入文字"矢量图学生"，单击"搜索"按钮，然后选择剪贴画。适当调整剪贴画的位置和大小。

➤ **步骤 3**：选择标题文本框，在"动画"选项卡中的"动画"组中选择一个动画效果。按照同样的方法依次为副标题和图片设置不同的动画效果。

➤ **步骤 4**：选中图片，单击两次"动画"选项卡下"计时"组中的"向前移动"按钮。

✔ 第（3）小题

➤ **步骤 1**：选中第 2 张幻灯片中标记为绿色的文本内容，右击，在弹出的快捷菜单中选择"转换为 SmartArt"→"其他 SmartArt 图形"选项，在弹出的对话框中选择"列表"中的"垂直框列表"，单击"确定"按钮。

➤ **步骤 2**：选中"双减政策概述"列表框，右击，在弹出的快捷菜单中选择"超链接"选项，弹出"插入超链接"对话框，在该对话框中单击"本文档中的位置"按钮，在右侧的列表框中选择"3."双减"政策概述"幻灯片，单击"确定"按钮。使用同样的方法将余下的列表框链接到对应的幻灯片中。

➤ **步骤 3**：选择第 4 张幻灯片，单击"开始"选项卡下"幻灯片"组中的"版式"下拉按钮，选择"两栏内容"选项。将文稿中第 4 页中的图片复制并粘贴到幻灯片中，适当调整图片的大小和位置。用同样的方法设置第 7、9、10、13、18 张幻灯片的版式为"两栏内容"，并在一侧的内容框中插入对应的图片。

➤ **步骤 4**：选中 SmartArt 图形，单击"动画"选项卡下"动画"组中的"其他"下拉按钮，选择恰当的动画效果。用同样的方法为每张图片设置动画效果。

✔ 第（4）小题

➤ **步骤 1**：选择第 6 张幻灯片中红色标出的文本内容，右击，在弹出的快捷菜单中选择"转换为 SmartArt"→"其他 SmartArt 图形"选项，在弹出的对话框中选择"列表"中的"层次结构列表",单击"确定"按钮。

> **步骤 2**：选中 SmartArt 图形,单击"动画"选项卡下"动画"组中的"飞入"选项。然后单击"效果选项"下拉按钮,选择"逐个"。

第(5)小题

> **步骤 1**：将光标标记在第 1 张幻灯片的上部,右击,在弹出的快捷菜单中选择"新增节"选项。然后选中"无标题节"文字,右击,在弹出的快捷菜单中选择"重命名节"选项,在弹出的对话框中将"节名称"设置为"目录",单击"重命名"按钮。

> **步骤 2**：将光标标记在第 2 张与第 3 张幻灯片之间,使用前面的介绍的方法新建节,并将节的名称设置为"概述"。使用同样的方法将余下的幻灯片进行分节。

> **步骤 3**：选中"目录"节,然后右击"设计"选项卡下"主题"组中的一个主题,在弹出的快捷菜单中选择"应用于选定幻灯片"选项。使用同样的方法为不同的节设置不同的主题,并对幻灯片内容的位置及大小进行适当的调整。

> **步骤 4**：选中"目录"节,然后选择"切换"选项卡下"切换到此幻灯片"组中的一个切换效果。使用同样的方法为不同的节设置不同的切换方式。

> **步骤 5**：保存并关闭文件。

3.7 案例七："绿色发展理念"演示文稿

PPT 案例 7

1. 知识点

基础知识点：1-主题设置；2-版式、标题；3-版式、素材导入；4-动画设置；5-字体设置；6-SmartArt 图形；7-背景设置；8-自定义动作路径。

2. 题目要求

请根据提供的"绿色发展素材及设计要求.docx"设计制作演示文稿,并以文件名"绿色发展.pptx"存盘,具体要求如下。

（1）演示文稿中需要包含 7 页幻灯片,每页幻灯片的内容与"绿色发展素材及设计要求.docx"文件中的序号内容相对应,并为演示文稿选择一种内置主题。

（2）设置第1页幻灯片为标题幻灯片,标题为"绿色发展,幸福底色",副标题为"美丽中国,你我共同描绘"。

（3）设置第3、4、5、6页幻灯片为不同版式,并根据文件"绿色发展素材及设计要求.docx"内容将其所有文字布局到各对应幻灯片中,第4、5页幻灯片需要包含所指定的图片。

（4）根据"绿色发展素材及设计要求.docx"文件中的动画类别提示设计演示文稿中的动画效果,并保证各幻灯片中的动画效果先后顺序合理。

（5）在幻灯片中突出显示"绿色发展素材及设计要求.docx"文件中重点内容（素材中加粗部分）,包括字体、字号、颜色等。

（6）第2页幻灯片作为目录页,采用垂直框列表SmartArt图形表示"绿色发展素材及设计要求.docx"文件中要介绍的四项内容,并为每项内容设置超级链接,单击各链接时跳转到相应幻灯片。

（7）设置第7页幻灯片为空白版式,并将考试文件夹下的图片"背景.jpg"设置为该页幻灯片背景。

（8）在第7页幻灯片中插入包含文字为"谢谢!"的艺术字,并设置其动画动作路径为圆形形状。

3. 解题步骤

第（1）小题

➤ **步骤1**：在文件夹下新建一个演示文稿,命名为"绿色发展.pptx"。

➤ **步骤2**：打开演示文稿,单击"开始"选项卡下"幻灯片"组中的"新建幻灯片"按钮,再重复操作6次,新建7张幻灯片。

➤ **步骤3**：切换至"设计"选项卡,在"主题"选项组中选择一个合适的主题。

第（2）小题

➤ **步骤**：选择第1张幻灯片,切换至"开始"选项卡,单击"幻灯片"选项组中的"版式"下拉按钮,选择"标题幻灯片",在标题处输入文本"绿色发展,幸福底色",在副标题处输入"美丽中国,你我共同描绘"。

第（3）小题

➤ **步骤 1**：将素材文件中的内容填入相应幻灯片中。

➤ **步骤 2**：按照第（2）小题的步骤设置第 3、4、5、6 页幻灯片为不同版式。

第（4）小题

➤ **步骤 1**：根据"绿色发展素材及设计要求.docx"中的动画说明，选择演示文稿相应的文本框对象，切换至"动画"选项卡，在动画选项组中选择相应的动画效果。

➤ **步骤 2**：需要为一个对象设置多个动画效果时，选中该对象，单击"动画"选项卡下"高级动画"组中的"添加动画"下拉按钮，选择一个动画效果，再按照同样的步骤选择另一个动画效果。

第（5）小题

➤ **步骤**：对照"绿色发展素材及设计要求.docx"中加粗文字，选定演示文稿中的相关文字，切换至"开始"选项卡，在"字体"选项组中设置不同的字体、字号、颜色，达到突出显示的效果。

第（6）小题

➤ **步骤 1**：选定第 2 张幻灯片内容文本框中的文字，单击"开始"选项卡下"段落"组中的"转换为 SmartArt 图形"下拉按钮，选择"其他 SmartArt 图形"，选择"列表"中的"垂直框列表"，单击"确定"按钮。

➤ **步骤 2**：选中"一、热点背景"文字，切换至"插入"选项卡，单击"链接"选项组中的"超链接"按钮，在弹出的对话框中，选择"本文档中的位置"，在右侧选择第 3 张幻灯片，单击"确定"按钮。

➤ **步骤 3**：按照同样的方法设置其余超链接。

第（7）小题

➤ **步骤 1**：选择第 7 张幻灯片，切换至"开始"选项卡，在"幻灯片"选项组中，选择"版式"下的"空白"。

➤ **步骤 2**：在幻灯片上右击，在弹出的快捷菜单中选择"设置背景格式"

选项,在弹出的对话框中选择"填充",在填充下选择"图片或纹理填充"单选按钮,单击"插入自"下方的"文件"按钮,弹出"插入图片"对话框,找到考试文件夹下的图片"背景.jpg",单击"插入",单击"关闭"按钮。

第(8)小题

➤ **步骤 1**：选定第 7 张幻灯片,切换至"插入"选项卡,单击"文本"选项组中的"艺术字"下拉按钮,选择任意一种艺术字样式,输入文本"谢谢!"。

➤ **步骤 2**：选定艺术字对象,切换至"动画"选项卡,单击"高级动画"组中的"添加动画"下拉按钮,在弹出的对话框中选择"动作路径"下的"形状",单击"确定"按钮。

➤ **步骤 3**：保存并关闭文件。

PPT 案例 8

3.8　案例八："武汉长江大桥"演示文稿

1. 知识点

基础知识点：1-新建演示文稿、应用主题、设置字体；2/3/4-版式、素材导入；6-创建相册；7-分节、切换效果；8-页脚、编号；9-设置放映方式。

中等难点：5-SmartArt 图形。

2. 题目要求

六十年砥砺奋进,一甲子的岁月沧桑,武汉长江大桥雄姿依旧,像是武汉人的精神丰碑,巍然屹立。请你根据文件夹下的素材"武汉长江大桥素材.docx"及相关图片文件,制作一份演示文稿,展现武汉"敢为人先、追求卓越"的拼搏精神。具体要求如下。

(1) 演示文稿共包含 13 张幻灯片,标题幻灯片 1 张；概况 2 张；建设意义 1 张；整体布局、景观设计和设计参数各 1 张；文化遗产、诗词、入选人民币图案各 1 张；图片欣赏 3 张(其中 1 张为图片欣赏标题页)。幻灯片必须选择一种设计主题,要求字体和色彩合理、美观大方。所有幻灯片中除了标题和副标题,其他文字的字体均设置为"微软雅黑"。演示文稿保存为"武汉长江大桥.pptx"。

（2）第1张幻灯片为标题幻灯片，标题为"武汉长江大桥"，副标题为"——万里长江第一桥"。

（3）第2、8、9张幻灯片采用"两栏内容"的版式，图片为文件夹下的"1. png"～"3. png"；第10张幻灯片采用"图片与标题"的版式，图片为文件夹下的"4. png"。

（4）第3、4、5、6、7张幻灯片的版式均为"标题和内容"。素材中的黄色底纹文字即为相应页幻灯片的标题文字。

（5）第4张幻灯片标题为"二、建设意义"，将其中的内容设为"梯形列表"SmartArt对象，并为该SmartArt图形设置动画，要求组合图形"逐个"播放，并将动画的开始设置为"上一动画之后"。

（6）利用相册功能为文件夹下的"5. png"～"12. png"8张图片"新建相册"，要求每页幻灯片展示4张图片，相框的形状为"居中矩形阴影"；将标题"相册"更改为"九、图片欣赏"。将相册中的所有幻灯片复制到"武汉长江大桥. pptx"中。

（7）将该演示文稿分为5节，第1节节名为"标题"，包含1张标题幻灯片；第2节节名为"概述"，包含3张幻灯片；第3节节名为"建筑设计"，包含3张幻灯片；第4节节名为"文化特色"，包含3张幻灯片；第5节节名为"图片欣赏"，包含3张幻灯片。每一节的幻灯片均为同一种切换方式，节与节的幻灯片切换方式不同。

（8）除标题幻灯片外，其他幻灯片的页脚显示幻灯片编号。

（9）设置幻灯片为循环放映方式，如果不单击鼠标，幻灯片10秒钟后自动切换至下一张。

3．解题步骤

第（1）小题

➤ **步骤1**：在文件夹下新建演示文稿，命名为"武汉长江大桥. pptx"。

➤ **步骤2**：打开演示文稿，单击"开始"选项卡下"幻灯片"组中的"新建幻灯片"按钮，重复操作，共新建10张幻灯片。

➤ **步骤3**：选择第一张幻灯片，切换至"设计"选项卡，在"主题"选项组中，应用"龙腾四海"主题。

➤ **步骤4**：单击"主题"组中的"字体"下拉按钮，选择"新建主题字体"，在弹出的对话框中，设置"正文字体（西文）"和"正文字体（中文）"均为"微软雅黑"，单击"保存"按钮。

➤ **步骤 5**：右击"设计"选项卡下"主题"组中的第一个"龙腾四海"，在弹出的快捷菜单中选择"应用于所有幻灯片"选项。

第（2）小题

➤ **步骤 1**：选择第 1 张幻灯片，切换至"开始"选项卡，在"幻灯片"组中将单击"版式"下拉按钮，选择"标题幻灯片"。

➤ **步骤 2**：在幻灯片的标题文本框中输入"武汉长江大桥"，副标题文本框中输入"——万里长江第一桥"。

第（3）小题

➤ **步骤 1**：选择第 2 张幻灯片，设置"版式"为"两栏内容"。

➤ **步骤 2**：复制"武汉长江大桥素材.docx"文件内容到幻灯片左边一栏，将素材中的黄色底纹文字复制到标题中。

➤ **步骤 3**：在右边一栏单击"插入"选项卡下"图像"组中的"图片"按钮，在弹出的"插入图片"对话框中选择文件夹下的"1.png"，单击"插入"按钮。

➤ **步骤 4**：用同样的方法设置第 8、9、10 张幻灯片的版式，并插入相应的图片。

第（4）小题

➤ **步骤 1**：将第 3、4、5、6、7 张幻灯片的版式均设置为"标题和内容"。

➤ **步骤 2**：在每张幻灯片中输入素材中对应的文字，注意删除多余空格。

第（5）小题

➤ **步骤 1**：单击第 4 张幻灯片，选中内容文本框中的文字，单击"开始"选项卡下"段落"组中的"提高列表级别"按钮，设置其为"二级文本"。

➤ **步骤 2**：选中整个内容文本框，单击"开始"菜单下"段落"选项卡中的"转换为 SmartArt 图形"下拉按钮，选择"其他 SmartArt 图形"。在弹出的对话框中选择"列表"中的"梯形列表",单击"确定"按钮。

> **步骤3**：选中SmartArt图形，在"动画"选项卡下的"动画"组中选择"飞入"，单击"效果选项"下拉按钮，选择"逐个"，在"计时"组中设置"开始"为"上一动画之后"。

📖 第(6)小题

> **步骤1**：切换至"插入"选项卡下的"图像"选项组中，单击"相册"下拉按钮，选择"新建相册"命令，弹出相册对话框，单击"文件/磁盘"按钮，选择"5.png"～"12.png"素材文件，单击"插入"按钮，将"图片版式"设为"4张图片"，"相框形状"设为"居中矩形阴影"，单击"创建"按钮。

> **步骤2**：将标题"相册"更改为"九、图片欣赏"，选中所有幻灯片，将其复制到"武汉长江大桥pptx"中。

📖 第(7)小题

> **步骤1**：选择第1张幻灯片，右击，在弹出的快捷菜单中选择"新增节"选项。使用同样的方法，新建其余节。

> **步骤2**：选择节名，右击，在弹出的快捷菜单中选择"重命名节"选项，弹出"重命名节"对话框，输入相应节名，单击"重命名"按钮。

> **步骤3**：选中第1节，单击"切换"选项卡，在"切换到此幻灯片"组中选择一种切换方式，按照同样的方法为每一节设置不同的切换方式。

📖 第(8)小题

> **步骤**：切换到"插入"选项卡，单击"文本"选项组中的"页眉和页脚"按钮，弹出"页眉和页脚"对话框，在"幻灯片"选项卡中，勾选"幻灯片编号"和"标题幻灯片中不显示"复选框，单击"全部应用"按钮。

📖 第(9)小题

> **步骤1**：在"幻灯片放映"选项卡下，单击"设置"组中的"设置幻灯片放映"按钮，在弹出的对话框中选中"循环放映，按Esc键终止"复选框，单击"确定"按钮。

➢ **步骤 2**：选中第一节幻灯片，单击"切换"选项卡，在"计时"组中勾选"设置自动换片时间"复选框，将持续时间设为"10 秒"，按同样的步骤设置其他节的幻灯片。

➢ **步骤 3**：保存并关闭文件。

PPT 案例 9

3.9　案例九："武昌农讲所"演示文稿

1．知识点

基础知识点：1-新建幻灯片、版式、主题、切换效果；2-插入文本框；3-素材导入；4-插入图片，图文布局、动画效果；5-艺术字；7-自动换片。

中等难点：6-母版、页脚、编号。

2．题目要求

武汉市革命博物馆需要做一份"武昌农讲所"简介演示幻灯片。请根据文件夹下的"武昌农讲所.docx"的素材内容，帮助完成制作任务，具体要求如下其中。

（1）制作完成的演示文稿至少包含 8 张幻灯片，其中含有标题幻灯片和致谢幻灯片；演示文稿须选择一种适当的主题，要求字体和配色方案合理；每页幻灯片需设置不同的切换效果。

（2）标题幻灯片的标题为"中央农民运动讲习所（武昌旧址）"，副标题为"——农民运动干部的摇篮"，该幻灯片中还应有"武汉市革命博物馆，二〇二一年七月"字样。

（3）根据"武昌农讲所.docx"文档中对应标题"武昌农讲所一览表""概况""创办历史""基本陈列"的内容各制作 1～2 张幻灯片，文字内容可根据幻灯片的内容布局进行删减。这些内容幻灯片需选择合理的版式。

（4）请将相关的图片（图片文件均存放于文件夹下）插入到对应内容幻灯片中，完成合理的图文布局排列；并设置文字和图片的动画效果。

（5）演示文稿的最后 1 页为致谢幻灯片，并包含"谢谢观看"字样。

（6）除标题幻灯片外，设置其他幻灯片页脚的最左侧为"武汉市革命博物馆"字样，最右侧为当前幻灯片编号。

（7）设置演示文稿为循环放映方式，每页幻灯片的放映时间为10秒钟，在自定义循环放映时不包括最后1页的致谢幻灯片。

（8）演示文稿保存为"武昌农讲所.pptx"。

3. 解题步骤

✎ 第（1）小题

➤ **步骤 1**：在文件夹下新建一个演示文稿，重命名为"武昌农讲所.pptx"。打开文件，单击"开始"选项卡下"幻灯片"组中的"新建幻灯片"按钮。重复操作，使演示文稿至少包含7张幻灯片。

➤ **步骤 2**：选择第1张幻灯片，右击，在弹出的快捷菜单中选择"版式"→"标题幻灯片"选项。选择最后1张幻灯片，右击，在弹出的快捷菜单中选择"版式"→"空白"选项。

➤ **步骤 3**：在"设计"选项卡下的"主题"组中选择一种适当的主题，例如"精装书"。

➤ **步骤 4**：在"切换"选项卡下"切换到此幻灯片"组中选择一种合适的切换效果，以同样的方法为每页幻灯片设置不同的切换效果。

✎ 第（2）小题

➤ **步骤 1**：在第1张标题幻灯片中，在标题文本框中输入"中央农民运动讲习所（武昌旧址）"，在副标题文本框中输入"——农民运动干部的摇篮"。

➤ **步骤 2**：单击"插入"选项卡，单击"文本"组中的"文本框"下拉按钮，选择"横排文本框"。

➤ **步骤 3**：在副标题下方绘制一个横排文本框，在文本框中输入"武汉市革命博物馆二○二一年七月"。

✎ 第（3）小题

➤ **步骤 1**：打开"武昌农讲所.docx"素材文档，将对应标题"武昌农讲所一览表""概况""创办历史""基本陈列"的文字内容分别复制到幻灯片中。

➤ **步骤 2**：文字内容可根据幻灯片的内容布局进行删减，幻灯片版式可自行进行合理设置。

🦶 第（4）小题

➤ **步骤1**：选中1张幻灯片，单击"插入"选项卡下"图像"组中的"图片"按钮，根据"武昌农讲所.docx"文档中的内容，将文件夹下的图片插入到对应的幻灯片中，并适当调整图文布局排列。

➤ **步骤2**：选中一个内容文本框，在"动画"选项卡下的"动画"组中选择任意一个动画效果。用同样的方法为其他文字和图片设置动画效果。

🦶 第（5）小题

➤ **步骤**：在最后1张幻灯片中，单击"插入"选项卡下"文本"选项组中的"艺术字"按钮，选择一种合适的样式，输入文字"谢谢"。

🦶 第（6）小题

➤ **步骤1**：单击"视图"选项卡，单击"母版视图"组中的"幻灯片母版"按钮。

➤ **步骤2**：选中母版缩略图，在选中"幻灯片编号"文本框，拖动到页脚最右侧；选中"页脚"文本框，拖动到页脚最左侧。单击"关闭母版视图"按钮。

➤ **步骤3**：单击"插入"选项卡下"文本"组中的"幻灯片编号"按钮，弹出"页眉和页脚"对话框，勾选"幻灯片编号""页脚"和"标题幻灯片中不显示"复选框，并在"页脚"下的文本框中输入"武汉市革命博物馆"，单击"全部应用"按钮。

🦶 第（7）小题

➤ **步骤1**：单击"幻灯片放映"选项卡下"设置"组中的"设置幻灯片放映"按钮，弹出"设置放映方式"对话框，在"放映选项"中勾选"循环放映，按Esc键终止"复选框；"放映幻灯片"选择"从1到8"（这里的8是不包括致谢幻灯片的其余幻灯片个数，以实际制作为主）；"换片方式"设为"如果存在排练时间，则使用它"，单击"确定"按钮。

➤ **步骤2**：在"切换"选项卡下"计时"选项组中勾选"设置自动换片时间"复选框，将时间设置为"10秒钟"，按照同样的方法设置其他幻灯片。

PPT 案例 10

第(8)小题

> 步骤：保存并关闭文件。

3.10　案例十："文物博物馆员职业介绍"演示文稿

1.知识点

基础知识点：1-另存为；2-保存背景；3-SmartArt；4-动画效果；6-替换字体；7-切换方式；8-插入音频；9-放映方式。

中等难点：5-图表。

2.题目要求

高考过后，为帮助同学们更好地填报志愿、选择专业，生涯规划中心选取大家关注度较高的文物博物馆员职业进行介绍。请按照如下要求完成该演示文稿的制作。

（1）在文件夹下，打开"PPT 素材.pptx"文件，将其另存为"PPT.pptx"，之后所有的操作均基于此文件。

（2）将演示文稿中第 1 页幻灯片的背景图片应用到第 2 页幻灯片。

（3）将第 2 页幻灯片中的"文博馆员""收藏""保护""研究""教育""展示"6 段文字内容转换为"射线循环"SmartArt 布局，更改 SmartArt 的颜色，并设置该 SmartArt 样式为"强烈效果"。调整其大小，并将其放置在幻灯片页的右侧位置。

（4）为上述 SmartArt 图形设置由幻灯片中心进行"缩放"地进入动画效果，并要求上一动画开始之后自动、逐个展示 SmartArt 中的文字。

（5）在第 3 页幻灯片中的"文物与博物馆学专业""文史类专业""艺术类专业""管理相关或其他专业"4 段文字内容转换为"基本饼图"SmartArt 布局，更改 SmartArt 的颜色，并设置该 SmartArt 样式为"强烈效果"。调整大小并放于幻灯片适当位置。设置该图形的动画效果为按序列逐个扇区上浮进入效果。

（6）将文档中的所有中文文字字体由"宋体"替换为"微软雅黑"。

（7）为演示文档中的所有幻灯片设置不同的切换效果。

（8）将考试文件夹中的"一眼千年.mp3"声音文件作为该演示文档的背

景音乐，并要求在幻灯片放映时即开始播放，至演示结束后停止。

（9）为了实现幻灯片可以在展台自动放映，设置每张幻灯片的自动放映时间为 10 秒钟。

3．解题步骤

 第（1）小题

➢ **步骤**：在文件夹下打开素材文件"PPT 素材. pptx"，单击"文件"选项卡，选择"另存为"。在弹出的"另存为"对话框中输入文件名为"PPT. pptx"，单击"保存"按钮。

 第（2）小题

➢ **步骤1**：在右侧预览区域选中第 1 张幻灯片，右击，在弹出的快捷菜单中选择"保存背景"选项，弹出"保存背景"对话框，在对话框左侧选择"桌面"，单击"保存"按钮"，将"图片 1. jpg"保存到桌面。

➢ **步骤2**：选中第 2 张幻灯片，单击"设计"选项卡下"背景"组中右下角的"扩展"按钮，弹出"设置背景格式"对话框，选择"填充"选项中的"图片或纹理填充"，单击"插入自"下方的"文件"按钮，弹出"插入图片"对话框，单击左侧桌面，找到之前保存的"图片 1. jpg"，单击"插入"，单击"关闭"按钮。

 第（3）小题

➢ **步骤1**：单击第 2 张幻灯片，选择内容文本框中的文字，单击"开始"选项卡下"段落"组中的"转换为 SmartArt 图形"下拉按钮，选择"其他 SmartArt 图形"，在弹出的对话框中选择"循环"中的"射线循环"，单击"确定"按钮。

➢ **步骤2**：切换至"SmartArt 工具"下的"设计"选项卡，单击"SmartArt 样式"组中的"更改颜色"下拉按钮，选择任意一种颜色，再单击"SmartArt"样式组中的"其他"下拉按钮，选择"强烈效果"。调整其大小，并将其放置在幻灯片页的右侧位置。

 第（4）小题

➢ **步骤1**：选中 SmartArt 图形，在"动画"选项卡的"动画"组中单击其他下拉按钮,选择"缩放"。

> **步骤 2**：单击"效果选项"下拉按钮,选择"幻灯片中心",再次单击"效果选项"下拉按钮,选择"逐个"。

> **步骤 3**：单击"计时"组中的"开始"下拉按钮,选择"上一动画之后"。

第(5)小题

> **步骤 1**：选中第 3 张幻灯片,选择内容文本框中的文字,单击"开始"选项卡下"段落"组中的"转换为 SmartArt 图形"下拉按钮,选择"其他 SmartArt 图形",在弹出的对话框中选择"关系"中的"基本饼图",单击"确定"按钮。

> **步骤 2**：切换至"SmartArt 工具"下的"设计"选项卡,单击"SmartArt 样式"组中的"更改颜色"下拉按钮,选择任意一种颜色,再单击"SmartArt"样式组中的"其他"下拉按钮,选择"强烈效果"。调整其大小,并将其放置在幻灯片页的适当位置。

> **步骤 3**：单击"动画"选项卡下"动画"组中的"其他"下拉按钮,选择"更多进入效果",单击"温和型"选项下的"上浮",单击"确定"按钮,单击"效果选项"下拉按钮,选择序列中的"逐个"。

第(6)小题

> **步骤 1**：单击"开始"选项卡下"编辑"组中的"替换"下拉按钮,选择"替换字体"。

> **步骤 2**：在弹出的对话框中的"替换"下拉列表中选择"宋体",在"替换为"下拉列表中选择"微软雅黑",单击"替换"按钮,单击"关闭"按钮。

第(7)小题

> **步骤 1**：选择第 1 张幻灯片,单击"切换"选项卡,在"切换到此幻灯片"组中选择一种切换效果。

> **步骤 2**：用相同方式设置其他幻灯片,保证切换效果不同即可。

第(8)小题

> **步骤 1**：选择第 1 张幻灯片,切换至"插入"选项卡,单击"媒体"组中的

"音频"下拉按钮,选择"文件中的音频"选项,在弹出的对话框中选择选择文件夹下的"一眼千年.mp3",单击"插入"按钮。

➤ **步骤2**:选中音频按钮,切换至"音频工具"下的"播放"选项卡中,单击"音频选项"组中的"开始"下拉按钮,选择"跨幻灯片播放",勾选"循环播放,直到停止"和"放映时隐藏"复选框。

✔ 第(9)小题

➤ **步骤1**:单击"切换"选项卡,在"计时"组中勾选"设置自动换片时间"复选框,并将自动换片时间设置为"10秒",按照同样的方法设置其他幻灯片。

➤ **步骤2**:单击"幻灯片放映"选项卡下"设置"组中的"设置幻灯片放映"按钮,在弹出的对话框中选中"在展台浏览（全屏幕）"单选按钮,再单击"确定"按钮。

➤ **步骤3**:保存并关闭文件。

3.11　案例十一:"二十四节气"演示文稿

PPT 案例 11

1. 知识点

基础知识点:1-新建演示文稿;2-版式、主题;4-素材导入;5-文本框设置;7-插入表格、表格样式;8-艺术字、幻灯片背景图片;10-插入音频;11-动画效果、切换效果;12-放映方式。

重难点:3-幻灯片母版;6-SmartArt 图形;9-插入图片、图片格式。

2. 题目要求

2016年11月30日,中国"二十四节气"被列入联合国教科文组织人类非物质文化遗产代表作名录。为确保"二十四节气"的存续力和代际传承,中国农业博物馆等机构联合举办第二届"二十四节气文化作品设计大赛"。牛星报名参赛,现在需要制作一份关于中华四季二十四节气的演示文稿。请根据以下要求,并参考"样例图片.docx"中的效果,完成演示文稿的制作。

（1）新建一个空白演示文稿,命名为"二十四节气.pptx",并保存在文件夹中,此后的操作均基于此文件。

（2）演示文稿包含 12 张幻灯片,第 1 张为"标题幻灯片"版式,第 2 张为"垂直排列标题与文本"版式,第 4 张为"标题和内容"版式,第 3 张、第 5 张～第 12 张为"空白"版式。对所有幻灯片应用名称为"气流"的内置主题。

（3）参考"样例图片.docx"文件,通过幻灯片母版为每张幻灯片添加文字"二十四节气 The 24 Solar Terms"。

（4）将第 1 张标题幻灯片中的标题设置为"中华四季二十四节气"。参考"样例图片.docx"文件内容将所有文字布局到各对应幻灯片中,每张幻灯片中的文字内容,可以从文件夹下的"二十四节气 PPT_素材.docx"文件中找到,并参考样例效果将其置于适当的位置。

（5）美化第 2 张幻灯片,将标题文字设置为绿色、竖向,内容文本框里的文字设置为横向。适当调整文字大小、文本框的位置。

（6）将第 3 张幻灯片中的文字转换为 SmartArt 图形,布局为"垂直曲形列表";并将"春 1.png""夏 1.png""秋 1.png""冬 1.png"定义为该SmartArt 对象的显示图片;参照样例图例,更改矩形条的颜色为适宜的颜色。

（7）在第 4 张幻灯片中插入"二十四节气 PPT_素材.docx"文件中的交节时间表,更改表格样式为"浅色样式 2-强调 2",适当调整表格大小、位置。

（8）分别在第 5、7、9、11 张幻灯片中插入艺术字"春、夏、秋、冬",参照"样例图片.docx"文件,为文字设置合适的字体、字号、颜色,并置于幻灯片中适合的位置。将考试文件夹下的图片"春.jpg""夏.jpg""秋.jpg""冬.jpg"设置为对应的幻灯片的背景。

（9）参照图例文件,将文件夹下 24 张节气图片分类插入到第 6、8、10、12 张幻灯片中,调整图片大小,添加适当的图片效果,合理布局图片的对齐方式。

（10）在第 1 张幻灯片中插入歌曲"二十四节气歌.mp3",演示文稿播放的全程需要有背景音乐,并设置声音图标在放映时隐藏。

（11）为每张幻灯片设置不同的幻灯片切换效果,文字和图片的动画效果要丰富。

（12）设置演示文稿放映方式为"循环放映,按 Esc 键终止",换片方式为"手动"。

3. 解题步骤

第(1)小题

➤ **步骤**：右击文件夹空白处，新建一个 PowerPoint 文档，并重命名为"二十四节气.pptx"，并打开"二十四节气.pptx"文件。

第(2)小题

➤ **步骤1**：单击"开始"选项卡下"幻灯片"组中的"新建幻灯片"下拉按钮，选择"标题幻灯片"。以同样方法按照题目要求新建第 2～12 张幻灯片，使得第 2 张为"两栏内容"版式，第 4 张为"标题和内容版式"，剩余的 9 张幻灯片为"空白"版式。

➤ **步骤2**：在"设计"选项卡下的"主题"组中，单击下拉按钮，选择主题样式为"流畅"。

第(3)小题

➤ **步骤1**：选中第 1 张幻灯片，单击"视图"选项卡下"母版视图"组中的"幻灯片母版"按钮。

➤ **步骤2**：选择母版视图中的第 1 张幻灯片，单击"插入"选项卡下"文本"组中的"文本框"下拉按钮，选择"垂直文本框"。

➤ **步骤3**：在右上角绘制一个竖排文本框，在文本框中输入"二十四节气 The 24 Solar Terms"，适当调整文字大小。

➤ **步骤4**：最后单击"幻灯片母版"选项卡下"关闭"组中的"关闭母版视图"按钮。

第(4)小题

➤ **步骤1**：选中第 1 张幻灯片，在"单击此处添加标题"占位符中输入标题名"中华四季二十四节气"。

➤ **步骤2**：参照"样例图片.docx"文件，将"二十四节气 PPT_素材.docx"中的文字内容复制到相应幻灯片中，删除多余的空格，适当调整位置。

📀 第(5)小题

➤ **步骤**：单击第2张幻灯片，选中标题文本框里的文字"节气歌谣"，在"开始"选项卡下的"字体"组中，设置文字颜色为"绿色"；选中内容文本框里段落文字，单击"开始"选项卡下"段落"组中的"文字方向"按钮，设置文字方向为"横向"。参考样例效果调整文本框位置。

📀 第(6)小题

➤ **步骤1**：单击第3张幻灯片，选中文本框里的四段文字，右击，在弹出的快捷菜单中选择"转换为SmartArt"→"其他SmartArt图形"选项。弹出"选择SmartArt图形"对话框，选择"列表"中的"垂直曲型列表"。

➤ **步骤2**：单击"SmartArt工具"中"设计"选项卡下"SmartArt样式"组中的"白色轮廓"。

➤ **步骤3**：选中"春雨惊春清谷天"文本框，单击"SmartArt工具"中"格式"选项卡下"形状样式"组中的"形状填充"下拉按钮，选择"绿色"。

➤ **步骤4**：选中"春雨惊春清谷天"文本框前的圆形框，单击"SmartArt工具"中"格式"选项卡下"形状样式"组中的"形状轮廓"下拉按钮，选择"无轮廓"。

➤ **步骤5**：单击"插入"选项卡下"图像"组中的"图片"按钮，弹出"插入图片"对话框，从文件夹下选择图片"春1.png"，单击"插入"按钮。调整图片的大小，移动图片到圆形框中。

➤ **步骤6**：参照"样例图片.docx"，用步骤3～5的方法设置SmartArt图形中的余下的形状对象。将图片"夏1.png""秋1.png""冬1.png"插入到对应的圆形框中。

📀 第(7)小题

➤ **步骤1**：选中第4张幻灯片，单击内容文本框中的"插入表格"按钮，在弹出的对话框中，输入列数为"8"，行数为"7"，单击"确定"按钮。

➤ **步骤2**：单击"表格工具"中"设计"选项卡下"表格样式"组中的"其他"下拉按钮，选择"浅色样式2-强调2"。

➤ **步骤3**：参照"样例图片.docx"中的样例，输入表格内容，并适当调整表格大小与位置。

◆ 第(8)小题

➤ **步骤1**：选中第5张幻灯片，单击"插入"选项卡下"文本"组中的"艺术字"下拉按钮，选择适合的样式，参考样例文件效果，在艺术字的输入框中输入"春"。选中输入的文字，在"开始"选项卡下"字体"组中设置字体为"华文行楷""绿色"，大小为"96号"。

➤ **步骤2**：在幻灯片上右击，在弹出的快捷菜单中选择"设置背景格式"选项，在弹出的对话框中选择"填充"选项中的"图片或纹理填充"，单击"插入自"下方的"文件"按钮，弹出"插入图片"对话框，选择文件夹中的"春.jpg"，单击"插入"按钮，单击"关闭"按钮。

➤ **步骤3**：用同样的方法，参照样例图，设置第7张、第9张、第11张幻灯片。

◆ 第(9)小题

➤ **步骤1**：选中第6张幻灯片，单击"插入"选项卡下"图像"组中的"图片"按钮，弹出"插入图片"对话框，按住Ctrl键，从文件夹下同时选中"立春1.png""2雨水.png""3惊蛰.png""4春分.png""5清明.png""6谷雨.png"6张图片，单击"插入"按钮。

➤ **步骤2**：单击"图片工具"中"格式"下的"大小"扩展按钮，在弹出的对话框中，取消勾选"锁定纵横比"复选按钮，设置宽度、高度均为"6厘米"。将图片移动到适合的位置。

➤ **步骤3**：选中6张图片，在"图片样式"组中单击"其他"下拉按钮，选择一种图片样式。

➤ **步骤4**：选中上排3张图片，单击"图片工具"中"格式"选项卡下"排列"组中的"对齐"下拉按钮，勾选"对齐所选对象"，单击"顶端对齐"，再单击"排列"组中的"对齐"下拉按钮，单击"横向分布"。

➤ **步骤5**：选中左侧的上下2张图片，单击"图片工具"中"格式"选项卡下"排列"组中的"对齐"下拉按钮，单击"左对齐"。

➤ **步骤6**：选中下排3张图片，单击"图片工具"中"格式"选项卡下"排列"组中的"对齐"下拉按钮，勾选"对齐所选对象"，单击"顶端对齐"，再单击"排列"组中的"对齐"下拉按钮，单击"横向分布"。

➤ **步骤7**：使用同样方法，参照样例图，设置第8张、第10张、第12张幻灯片。

🖐 第(10)小题

➤ **步骤1**：选中第1张幻灯片，单击"插入"选项卡下"媒体"组中的"音频"下拉按钮，选择"文件中的音频"，弹出"插入音频"对话框，选择文件夹下的"二十四节气歌.mp3"，单击"插入"按钮。

➤ **步骤2**：单击"音频工具"中"播放"选项卡下"音频选项"组中的"开始"下拉按钮，选择"跨幻灯片播放"，勾选"放映时隐藏""循环播放，直到停止"和"播完返回开头"复选框。

🖐 第(11)小题

➤ **步骤1**：为幻灯片添加适当的动画效果。选中一个文本区域，单击"动画"选项卡下"动画"组中的"其他"下拉按钮，选择恰当的动画效果。

➤ **步骤2**：按照同样的方式为其他文本区域或者图片设置动画效果。

➤ **步骤3**：为幻灯片设置切换效果。选中一张幻灯片，单击"切换"选项卡下"切换到此幻灯片"组中的"其他"下三角按钮，选择恰当的切换效果。

➤ **步骤4**：按照同样的方式为其他幻灯片设置不同的切换效果。

🖐 第(12)小题

➤ **步骤1**：单击"幻灯片放映"选项卡下"设置"组中的"设置幻灯片放映"按钮，弹出"设置放映方式"对话框，在"放映类型"中选择"观众自行浏览（窗口）"，在"放映选项"组中勾选"循环放映，按 Esc 键终止"复选框，将"换片方式"设置为手动，单击"确定"按钮。

➤ **步骤2**：保存并关闭文件。

3.12 案例十二："大学生征兵政策解读"演示文稿

PPT 案例 12

1. 知识点

基础知识点：2-动画排序；3-插入图片、图片样式；5-插入对象；6-SmartArt图形、动画效果；7-超链接；8-艺术字；插入背景图片；9-母版设置、插入 Logo 图片、幻灯片编号；10-分节、主题、切换效果。

中等难点：1-素材导入；4-拆分幻灯片、添加备注。

2.题目要求

为营造浓厚参军氛围，助力高校学子圆梦军旅、报效国家，某校保卫处征兵工作站吴处长准备开展高校大学生征兵政策解读宣讲活动。他已搜集并整理了一份相关资料存放在 Word 文档"大学生参军.docx"中。请按下列要求帮助完成 PPT 演示文稿的整合制作：

（1）在文件夹下创建一个名为"大学生参军.pptx"的新演示文稿（".pptx"为扩展名），后续操作均基于此文件。该演示文稿需要包含 Word 文档"大学生参军.docx"中的所有内容，Word 素材文档中的红色文字、绿色文字、紫色文字分别对应演示文稿中每页幻灯片的标题文字、第一级文本内容、第二级文本内容。

（2）将第 1 张幻灯片的版式设为"标题幻灯片"，在该幻灯片的右下角插入任意一幅剪贴画，依次为标题、副标题和新插入的图片设置不同的动画效果、其中副标题作为一个对象发送，并且指定动画出现顺序为图片、副标题、标题。

（3）将第 2、3、11、12、13 张幻灯片版式设为"两栏内容"，按照"大学生参军.docx"素材内容，将考试文件夹中相对应的图片分别插入到各张幻灯片右侧的文本框中，并应用恰当的图片效果。

（4）将标题为"应征入伍基本条件"所属的幻灯片拆分为 2 张，前面一张中插入图片"年龄.jpg"，后面一张中插入图片"身高视力体重.jpg"，标题均为"应征入伍基本条件"。分别为 2 张幻灯片添加备注"年龄计算截至 2023 年 12 月 31 日，均为周岁""经激光近视手术后半年以上，双眼视力可达到 4.8 以上，无并发症，眼底检查正常，合格"。

（5）将标题为"报名网址、报名时间"幻灯片的版式设为"标题和内容"，在文本框中插入文件夹下的 Excel 文档"报名时间.xlsx"中的模板表格，并保证该表格内容随 Excel 文档的改变而自动变化。为报名网址添加指向网址"https：//www.gfbzb.gov.cn/"的超链接。

（6）将标题为"应征入伍流程"幻灯片中的文本转换为 Word 素材中所示的 SmartArt 图形、并适当更改其颜色和样式。为本张幻灯片的标题和 SmartArt 图形添加不同的动画效果，并令 SmartArt 图形伴随着"风铃"声逐个级别顺序飞入。

（7）为标题"大学生参军特别优惠政策（二）"下的文字"附：应征入伍服兵役高等学校学生国家教育资助申请表"添加超链接，链接到文件夹下的Word文档"应征入伍服兵役高等学校学生国家教育资助申请表.docx"。

（8）将最后一张幻灯片版式设置为"空白"，插入艺术字"青春由磨砺而出彩，人生因奋斗而升华"，并将文件夹下的图片"背景.jpg"设置为幻灯片背景。

（9）在每张幻灯片的左上角添加解放军的标志"Logo.png"，设置其位于最底层以免遮挡标题文字。除标题幻灯片外，其他幻灯片均包含幻灯片编号，自动更新的日期、日期格式为 XXXX 年 XX 月 XX 日。

（10）将演示文稿按下列要求分为 5 节，分别为每节应用不同的设计主题和幻灯片切换方式。

第 1 张为标题；第 2～3 张为整体背景；第 4～7 张为征集对象条件及流程；第 8～15 张为大学生参军特别优惠政策；第 16 张为结束语。

3. 解题步骤

第（1）小题

➤ **步骤 1**：在文件夹下新建 PowerPoint 演示文稿，并重命名为"大学生参军.pptx"。

➤ **步骤 2**：打开文档，单击"开始"选项卡下"幻灯片"组中的"新建幻灯片"下拉按钮，选择"标题幻灯片"。按照此步骤新建共 15 张幻灯片，第 1 张幻灯片为标题幻灯片，第 2、3、11、12、13 张版式为"两栏内容"，最后一张版式为"空白"，其余幻灯片为"标题和内容"。

➤ **步骤 3**：打开文件夹下的"大学生参军.docx"，选中"投笔从戎筑长城，强军兴国担大任"，按 Ctrl＋C 键进行复制，单击第 1 张幻灯片的标题文本框，按 Ctrl＋V 键将内容粘贴到标题处。按照此步骤将"大学生参军.docx"中的内容复制到相应幻灯片处（红色文字、绿色文字、紫色文字分别对应演示文稿中每页幻灯片的标题文字、第一级文本内容、第二级文本内容）。

第（2）小题

➤ **步骤 1**：选择第 1 张幻灯片，单击"插入"选项卡下"图像"组中的"剪贴画"按钮,弹出"剪贴画"窗格,然后在"搜索文字"下的文本框中输入文字"八一建军节",结果类型选择：所有媒体文件类型,单击"搜索"按钮,然后选择剪贴画。适当调整剪贴画的位置和大小。

> **步骤 2**：选择标题文本框,在"动画"选项卡中的"动画"组中选择一个动画效果。选择副标题文本框,在"动画"选项卡中的"动画"组中选择一个不同的动画效果。单击"效果选项"按钮,选择"作为一个对象"发送。选择剪贴画,在"动画"选项卡中的"动画"组中选择一个不同的动画效果。

> **步骤 3**：选中图片,单击"计时"组中的"向前移动"按钮两下。选中副标题文本框,单击"计时"组中的"向前移动"按钮。

第(3)小题

> **步骤 1**：选中第 2 张幻灯片右侧内容区,单击"插入"选项卡下"图像"组中的"图片"按钮,弹出"插入图片"对话框,按照"大学生参军.docx"素材内容,从文件夹下选择对应的图片,单击"插入"按钮,适当调整图片大小位置。

> **步骤 2**：单击"图片工具"中"格式"选项卡下"图片样式"组中的"其他"扩展按钮,选择一种图片样式。

> **步骤 3**：用同样的方法,为第 3、11、12、13 张幻灯片插入图片,为每张图片选择一种样式。

第(4)小题

> **步骤 1**：在幻灯片视图中,选中编号为 4 的幻灯片,单击"大纲"按钮,切换至大纲视图。

> **步骤 2**：将光标定位到大纲视图中"备注内容：年龄计算截至 2023 年 12 月 31 日,均为周岁"文字的后面,按 Enter 键,单击"开始"选项卡下"段落"组中的"降低列表级别"按钮,即可在"大纲"视图中出现新的幻灯片。

> **步骤 3**：将第 4 张幻灯片中的标题,复制到新建的幻灯片的标题文本框中。

> **步骤 4**：切换至幻灯片视图,选中第 4 张幻灯片,在内容框内单击"插入来自文件的图片"按钮,弹出"插入图片"对话框,在该对话框中选择文件夹下的图片"年龄.png",然后单击"插入"按钮,适当调整图片的大小和位

置。在幻灯片的下方"单击此处添加备注"处,输入"年龄计算截至 2023 年 12 月 31 日,均为周岁"。

➤ **步骤 5**:用同样方法,在新建的第 5 张幻灯片文本框中插入图片"身高视力体重.png"并添加题目中要求的备注内容。

第(5)小题

➤ **步骤 1**:选中第 6 张幻灯片文本框,单击"插入"选项卡下"文本"组中的"对象"按钮。在弹出的对话框中,选择"由文件创建",单击"浏览"按钮,找到文件夹下的"报名时间.xlsx",单击"确定"按钮,在"插入对象"对话框内勾选"链接"选项,单击"确定"按钮,即可插入 Excel 文档,表格内容随 Excel 文档的改变而自动变化。

➤ **步骤 2**:选中"全国征兵网 https://www.gfbzb.gov.cn/"文字,右击,在弹出的快捷菜单中选择"超链接"选项。弹出"插入超链接"对话框,选择"现有文件或网页"选项,在"地址"后的输入栏中输入"https://www.gfbzb.gov.cn/"并单击"确定"按钮。

第(6)小题

➤ **步骤 1**:选择第 7 张幻灯片,删除内容文本框中的文字,单击内容文本框中的"插入 SmartArt 图形"按钮,在弹出的对话框中选择"流程"选项中的"向上箭头",单击"确定"按钮。

➤ **步骤 2**:单击 SmartArt 图形左侧的"扩展"按钮,弹出文本窗格,将"大学生参军.docx"中"应征入伍流程"部分的"报名登记"复制粘贴到文本窗格的第一行,"初审初检""体格检查/政治考核""预定新兵"和"批准入伍"分别复制粘贴到第 2、3、4、5 行,按 Enter 键,增加一行文本。

➤ **步骤 3**:选中标题文本框在"动画"选项卡中的"动画"组中选择"浮入",选中 SmartArt 图形在"动画"选项卡中的"动画"组中选择"飞入",单击"动画"组中右下角的"扩展"按钮,弹出对话框,单击"效果"选项卡下"声音"下拉按钮,选择"风铃",切换到"SmartArt 动画"选项卡,单击"组合图形"下拉按钮,选择"逐个按级别",单击"确定"按钮。

➤ **步骤 4**:选中 SmartArt 图形,在"SmartArt 工具"中"设计"选项卡"SmartArt 样式"组中选择合适的样式。然后单击"更改颜色"下拉按钮,选择"彩色范围-强调文字颜色3至4"。

第（7）小题

➤ **步骤**：选中第10张幻灯片文本框中文字"4.附：应征入伍服兵役高等学校学生国家教育资助申请表"，单击"插入"选项卡下"链接"组中的"超链接"按钮，弹出"超链接"对话框，选择左侧"现有文件和网页"，单击"当前文件夹"，选择文件夹下的"应征入伍服兵役高等学校学生国家教育资助申请表.docx"文件，单击"确定"按钮。

第（8）小题

➤ **步骤1**：选中最后1张幻灯片，删除文字内容，单击"设计"选项卡下"背景"组中的"设置背景格式"扩展按钮，在弹出的对话框中单击左侧"填充"按钮，在"填充"选项卡下，单击"图片或纹理填充"，单击"插入自"下方的"文件"按钮，选择文件夹中的"背景.jpg"，单击"插入"按钮，单击"关闭"按钮。

➤ **步骤2**：单击"插入"选项卡下"文本"组中的"艺术字"下拉按钮，选择适合的样式，在艺术字的输入框内输入"青春由磨砺而出彩，人生因奋斗而升华"。

第（9）小题

➤ **步骤1**：选中第1张幻灯片，单击"视图"选项卡下"母版视图"组中的"幻灯片母版"按钮。

➤ **步骤2**：选择第1张幻灯片，单击"插入"选项卡下"图像"组中的"图片"按钮，弹出"插入图片"对话框，从文件夹下选择"Logo.png"，单击"插入"按钮。移动图片到左上角，适当调小图片，右击，在弹出的快捷菜单中选择"置于底层"选项。

➤ **步骤3**：单击"插入"选项卡下"文本"组中的"幻灯片编号"按钮，单击"幻灯片"选项卡，勾选"日期和时间"，选中"自动更新"单选按钮，单击日期格式的下拉按钮，选择"XXXX年XX月XX日"日期格式。勾选"幻灯片编号"和"标题幻灯片中不显示"选项。单击"全部应用"。

➤ **步骤4**：单击"幻灯片母版"选项卡下"关闭"组中的"关闭母版视图"

按钮。

✎ 第(10)小题

➤ **步骤1**：在幻灯片视图中，将光标置入第1张幻灯片的上部，右击，在弹出的快捷菜单中选择"新增节"选项。然后选中"无标题节"文字，右击，在弹出的快捷菜单中选择"重命名节"选项，在弹出的对话框中将"节名称"设置为"标题"，单击"重命名"按钮。

➤ **步骤2**：将光标置入第1张与第2张幻灯片之间，使用前面的介绍的方法新建节，并将节的名称设置为"整体背景"。使用同样的方法将余下的幻灯片进行分节。

➤ **步骤3**：选中"标题"节，在"设计"选项卡下"主题"组中的选择一个主题。使用同样的方法为不同的节设置不同的主题，并对幻灯片内容的位置及大小进行适当的调整。

➤ **步骤4**：选中"标题"节，然后选择"切换"选项卡下"切换到此幻灯片"组中的一个切换效果。使用同样的方法为不同的节设置不同的切换方式。

➤ **步骤5**：保存并关闭文件。

3.13 案例十三："武汉主要景点"演示文稿

PPT 案例 13

1. 知识点

基础知识点：1-新建演示文稿；2-标题、副标题设置；3-插入音频；4-版式、素材导入；5-素材导入；6-艺术字；8-主题、动画效果、切换效果；9-页脚；10-设置放映方式。

中等难点：7-动作按钮。

2. 题目要求

需要制作一份介绍武汉主要景点的宣传片，包括文字、图片、音频等内容。请根据文件夹下的素材文档"武汉主要旅游景点介绍.docx"，帮助主管人员完成制作任务，具体要求如下。

（1）新建一份演示文稿，并以"武汉主要旅游景点介绍.pptx"为文件名保存到文件夹下。

（2）第1张标题幻灯片中的标题设置为"武汉主要旅游景点介绍"，副标题为"历史与现代、美食与美景交融的都市"。

（3）在第1张幻灯片中插入歌曲"武汉.mp3"，设置为自动播放，并设置声音图标在放映时隐藏。

（4）第2张幻灯片的版式为"标题和内容"，标题为"武汉主要景点"，在文本区域中以项目符号列表方式依次添加下列内容：黄鹤楼、归元寺、红楼、户部巷、武汉东湖风景区。

（5）自第3张幻灯片开始按照黄鹤楼、归元寺、红楼、户部巷、武汉东湖风景区的顺序依次介绍武汉各主要景点，相应的文字素材"武汉主要旅游景点介绍.docx"以及图片文件均存放于文件夹下，要求每个景点介绍占用1张幻灯片。

（6）最后1张幻灯片的版式设置为"空白"，并插入艺术字"谢谢"。

（7）将第2张幻灯片列表中的内容分别超链接到后面对应的幻灯片、并添加返回到第2张幻灯片的动作按钮。

（8）为演示文稿选择一种设计主题，要求字体和整体布局合理、色调统一，为每张幻灯片设置不同的幻灯片切换效果以及文字和图片的动画效果。

（9）除标题幻灯片外，其他幻灯片的页脚均包含幻灯片编号、日期和时间。

（10）设置演示文稿放映方式为"循环放映，按Esc键终止"，换片方式为"手动"。

3. 解题步骤

第（1）小题

➤ **步骤**：在文件夹下，新建一个演示文稿，并命名为"武汉主要旅游景点介绍.pptx"。

第（2）小题

➤ **步骤1**：打开演示文稿，单击"开始"选项卡下"幻灯片"组中的"新建幻灯片"下拉按钮，选择"标题幻灯片"。

➤ **步骤2**：在"单击此处添加标题"处输入"武汉主要旅游景点介绍"，在"单击此处添加副标题"处输入"历史与现代、美食与美景交融的都市"。

👆 第(3)小题

➤ **步骤 1**：单击"插入"选项卡下"媒体"组中的"音频"下拉按钮,选择"文件中的音频"。弹出"插入音频"对话框,选择文件夹下的"武汉.mp3",单击"插入"按钮。

➤ **步骤 2**：单击"音频工具"下的"播放"选项卡,将"音频选项"组中的"开始"设置为"自动",并勾选"放映时隐藏"复选框。

👆 第(4)小题

➤ **步骤 1**：按照第(2)小题步骤 1 的方法,新建 1 张版式为"标题和内容"的幻灯片。

➤ **步骤 2**：在标题处输入文字"武汉主要景点",在内容文本框内输入题面要求的文字,选中这些文字,单击"开始"选项卡下"段落"组中的"项目符号"下拉按钮,选择任意项目符号。

👆 第(5)小题

➤ **步骤 1**：新建 1 张幻灯片,可选择"两栏内容"版式。

➤ **步骤 2**：输入标题为"黄鹤楼",将素材文档"武汉主要旅游景点介绍.docx"中的第 1 段文字复制到幻灯片的左侧文本框中。

➤ **步骤 3**：单击右侧文本框中的"插入来自文件的图片"按钮,弹出"插入图片"对话框,选中文件下的"黄鹤楼.jpg",单击"插入"按钮。

➤ **步骤 4**：用同样的方法,按照题面要求新建其他幻灯片。

👆 第(6)小题

➤ **步骤 1**：在所有幻灯片最下方新建一个版式为"空白"的幻灯片。

➤ **步骤 2**：单击"插入"选项卡下"文本"组中的"艺术字"下拉按钮,选择一种艺术字样式,在艺术字文本框中输入"谢谢"。

👆 第(7)小题

➤ **步骤 1**：单击第 2 张幻灯片,选中"黄鹤楼"字样,单击"插入"选项卡下"链接"组中的"超链接"按钮。弹出"插入超链接"对话框,在该对话框中将

"链接到"设置为"本文档中的位置"，在"请选择文档中的位置"列表框中选择"幻灯片 3"，单击"确定"按钮。

➤ **步骤 2**：单击第 3 张幻灯片，单击"插入"选项卡下"插图"选项组中的"形状"下拉按钮，选择"动作按钮"中的"动作按钮：后退或前一项"形状。

➤ **步骤 3**：在第 3 张幻灯片的空白位置绘制动作按钮，绘制完成后弹出"动作设置"对话框，在该对话框中单击"超链接到"中的下拉按钮，选择"幻灯片"。弹出"超链接到幻灯片"对话框，在该对话框中选择"2.武汉主要景点"，单击"确定"按钮。

➤ **步骤 4**：再次单击"确定"按钮，退出对话框，可适当调整动作按钮的大小和位置。

➤ **步骤 5**：使用同样的方法，将第二张幻灯片列表中余下内容分别超链接到对应的幻灯片上，并添加动作按钮。

📖 第（8）小题

➤ **步骤 1**：单击"设计"选项卡下"主题"组中的"其他"下拉按钮，选择一个合适的主题。

➤ **步骤 2**：选择第 1 张幻灯片，单击"切换"选项卡下"切换到此幻灯片"组中的"其他"下拉按钮，选择一个合适的切换效果。

➤ **步骤 3**：按同样的方法，为其他幻灯片设置不同的切换效果。

➤ **步骤 4**：选中第一张幻灯片的标题文本框，切换至"动画"选项卡，单击"动画"组中的"其他"下拉按钮，选择一个动画效果。

➤ **步骤 5**：按照同样的方法为其余幻灯片中的文字和图片设置不同的动画效果。

📖 第（9）小题

➤ **步骤**：单击"插入"选项卡下"文本"组中的"页眉和页脚"按钮，在弹出的"页眉和页脚"对话框中勾选"日期和时间"复选框、"幻灯片编号"复选框和"标题幻灯片中不显示"复选框，单击"全部应用"按钮。

📖 第（10）小题

➤ **步骤 1**：单击"幻灯片放映"选项卡下"设置"组中的"设置幻灯片放

映"按钮,弹出"设置放映方式"对话框,在"放映类型"中选择"观众自行浏览(窗口)",在"放映选项"组中勾选"循环放映,按 Esc 键终止"复选框,将"换片方式"设置为手动,单击"确定"按钮。

➤ **步骤 2**：保存并关闭文件。

3.14　案例十四："全国两会热点解读"演示文稿

PPT 案例 14

1．知识点

基础知识点：1-分节、切换方式；2-标题、副标题；3-SmartArt、动画效果；5-艺术字、背景图片设置；6-页脚；7-放映方式。

中等难点：4-图片样式设置。

2．题目要求

2022 年 3 月 5 日第十三届全国人民代表大会第五次会议在北京召开。为了更好地宣传会议精神,现需要制作一个演示文稿。请根据文件夹下的"文本素材.docx"及相关图片内容完成 PPT 的整合制作,具体要求如下。

（1）演示文稿共包含 6 张幻灯片,分为 4 节,节名分别为"标题、第一节、第二节、结束语",各节所包含的幻灯片页数分别为 1、1、3、1 张；每一节的幻灯片设为同一种切换方式,节与节的幻灯片切换方式均不同；设置幻灯片主题为"聚合"。将演示文稿保存为"2022 两会热点图解.pptx",后续操作均基于此文件。

（2）第 1 张幻灯片为标题幻灯片,标题为"2022 年全国两会热点图解",字号不小于 48；副标题为"聚焦两会 关注民生",字号为 28。

（3）"第一节"下的 1 张幻灯片,标题为"今年主要预期目标",利用"图片框"SmartArt 图形展示"文本素材.docx"中的四个要点,图片对应"1.jpg"～"4.jpg",设置 SmartArt 图形的进入动画效果为"逐个""与上一动画同时"。

（4）"第二节"下的 3 张幻灯片,标题分别为"今年重点工作之一""今年重点工作之二""今年重点工作之三"。其中第 1 张幻灯片内容为文件夹下"5.png"～"8.png"的图片,图片大小设置为 6 厘米（高）*8 厘米（宽）,样式为"简单框架,白色"；使图片上排 2 幅下排 2 幅整齐排列；每幅图片的进入动画效果为"上一动画之后"。第 2 张幻灯片内容为文件夹下 9.png～14. png 的图片，图片大小设置为 5 厘米（高）＊7 厘米（宽），样式为"居中矩形阴影"；使图片上排 3 幅下排 3 幅整齐排列；每幅图片的进入动画效果为"上一动画之后"。在第 3 张幻灯片中，利用"连续图片列表"SmartArt 图形展示"文本素材.docx"中的四个要点，图片对应"15.jpg"～"18.jpg"，设置 SmartArt 图形的进入动画效果为"逐个""与上一动画同时"。

（5）将"结束语"节下的幻灯片版式设为空白，插入艺术字，内容为"攻坚克难，砥砺前行 一起加油吧！"；将文件夹下的图片"背景.jpg"设为背景。

（6）除标题幻灯片外，在其他幻灯片的页脚处显示页码。

（7）设置幻灯片为循环放映方式，每张幻灯片的自动切换时间为 10 秒钟。

3．解题步骤

📖 第（1）小题

➤ **步骤 1**：在文件夹下新建一个演示文稿，命名为"2022 年全国两会热点图解.pptx"。

➤ **步骤 2**：打开演示文稿，单击"开始"选项卡下"幻灯片"组中的"新建幻灯片"下拉按钮，选择"标题幻灯片"。以同样的方法再新建 4 张版式为"标题和内容"的幻灯片，一张版式为"空白"的幻灯片。

➤ **步骤 3**：选中第 1 张幻灯片，单击"开始"选项卡下"幻灯片"组中的"节"下拉按钮，选择"新增节"。右击新建的"无标题节"，在弹出的快捷菜单中选择"重命名节"选项。在弹出的对话框中输入节名称为"标题"，单击"重命名"按钮。

➤ **步骤 4**：以同样的方法新建其他节。

➤ **步骤 5**：选中一节幻灯片，单击"切换"选项卡下"切换到此幻灯片"组中的"其他"下拉按钮，选择一种切换效果。

➤ **步骤 6**：以同样的方法为其他节设置不同的切换效果。

➤ **步骤 7**：选中所有幻灯片，单击"设计"选项卡下"主题"组中的"其他"下拉按钮，选择"聚合"。

📖 第（2）小题

➤ **步骤 1**：选中第 1 张幻灯片，在标题文本框中输入"2022 年全国两会热点图解"，在副标题文本框中输入"聚焦两会，关注民生"。

➢ **步骤2**：选中标题文字，单击"开始"选项卡下"字体"组中的"字号"下拉按钮，选择不小于48的数值。以同样的方法设置副标题字号。

第（3）小题

➢ **步骤1**：单击第2张幻灯片，在标题文本框中输入"今年主要预期目标"。

➢ **步骤2**：在内容文本框中单击插入SmartArt图形按钮，在弹出的对话框中选择"图片框"。

➢ **步骤3**：在SmartArt图形的文本框中，输入题目要求的内容。单击SmartArt图形中的图片框，在弹出的"插入图片"对话框中选择"1.jpg"，单击"插入"按钮。以同样的方法在SmartArt图形中插入其他图片。

➢ **步骤4**：选中SmartArt图形，单击"动画"选项卡下"动画"组中的"其他"下拉按钮，选择一个动画效果，如"飞入"。单击"效果选项"下拉按钮，选择"逐个"。单击"计时"组中的"开始"下拉按钮，选择"与上一动画同时"。

第（4）小题

➢ **步骤1**：单击第3张幻灯片，在标题文本框中输入"今年重点工作之一"。

➢ **步骤2**：单击内容文本框中的"插入来自文件的图片"按钮，在弹出的对话框中，按住Ctrl键，同时选中文件夹下的"5.png"～"8.png"，单击"插入"按钮。

➢ **步骤3**：选中插入的4张图片，单击"图片工具"中"格式"下的"大小"扩展按钮，在弹出的对话框中，取消勾选"锁定纵横比"复选按钮，设置"高度"为"6厘米"、宽度为"8厘米"；按题意要求适当调整图片位置，将图片排列整齐。

➢ **步骤4**：单击"图片样式"组中的"其他"下拉按钮，选择"简单框架""白色"。

➢ **步骤5**：按顺序选择图片，单击"动画"选项卡下"动画"组中的"其他"下拉按钮，选择一种动画效果。单击"计时"组中的"开始"下拉按钮，选择"上一动画之后"，同样的方式为其他图片设置动画效果。

➢ **步骤 6**：以同样的方法设置第 4 张幻灯片。

➢ **步骤 7**：按照第 3 小题步骤 2、3、4 的方法在第 5 张幻灯片中插入"连续图片列表"SmartArt 图形并进行相关设置。

第(5)小题

➢ **步骤 1**：选中最后 1 张幻灯片，单击"插入"选项卡下"文本"组中的"艺术字"下拉按钮，任意选择一种艺术字样式，输入文字"攻坚克难，砥砺前行一起加油吧！"。

➢ **步骤 2**：在"设计"选项卡下"背景"组中单击"背景样式"下拉按钮，在弹出的下拉列表中选择"设置背景格式"，弹出"设置背景格式"对话框，在"填充"选项卡下选中"图片或纹理填充"单选按钮，单击"插入自"下方的"文件"按钮，弹出"插入图片"对话框，选择图片"背景.jpg"，单击"插入"按钮，单击"关闭"按钮。

第(6)小题

➢ **步骤**：单击"插入"选项卡下"文本"组中的"页眉和页脚"按钮。在弹出的"页眉和页脚"对话框中，勾选"幻灯片编号"和"标题幻灯片中不显示"复选框，单击"全部应用"按钮。

第(7)小题

➢ **步骤 1**：单击"幻灯片放映"选项卡下"设置"组中的"设置幻灯片放映"按钮，在弹出的文本框中选择"循环放映，按 Esc 键终止"复选框，单击"确定"按钮。

➢ **步骤 2**：在"切换"选项卡中，勾选"设置自动换片时间"复选框，并将时间设置为"10 秒"，按照同样的方法设置其他幻灯片。

➢ **步骤 3**：保存并关闭文件。